高职高专项目式实践类系列教材

BIM 建模技术

主　编　郑传璋
主　审　陈　浩
参　编　魏成惠　张义坤　王　甜　李海林
　　　　刘　玲　张明祥　王　健

西安电子科技大学出版社

内 容 简 介

本书根据高职教育的特点，立足通过实践培养应用能力与技术的原则，力求在实训项目、内容、体系和方法上有所创新，注重教学与训练，并融入"1+X"职业资格考试理论与技能知识，对建筑信息模型(BIM)的基本知识及应用进行了介绍。

全书共 10 个实训项目，基本涵盖建筑信息模型基本知识与技能训练，采用项目式教学，做到步步有任务、节节有训练、处处有考评，理论讲解与实际动手操作相结合。本书主要内容包括：BIM 与 Revit 简介，标高与轴网的创建，柱与墙体的创建，门和窗的创建，楼板、天花板和屋顶的创建，楼梯、坡道和扶手的创建，场地与 RPC，建筑表现，明细表及图纸创建，以及项目实例模型创建。

本书可作为高职高专院校、高等专科院校、成人教育高校及五年一贯制高职院校建筑类、工程管理类、工程造价类、建筑设计类等专业学习建筑信息模型技能课程的教材或参考书，也可作为社会从业人员的技术参考书或培训用书。

图书在版编目(CIP)数据

BIM 建模技术/郑传璋主编. —西安：西安电子科技大学出版社，2020.12(2023.7 重印)
ISBN 978−7−5606−5803−2

Ⅰ.① B…　 Ⅱ.① 郑…　 Ⅲ.① 建筑设计—计算机辅助设计—应用软件　 Ⅳ.① TU201.4

中国版本图书馆 CIP 数据核字(2020)第 136709 号

责任编辑　万晶晶　黄薇谚
出版发行　西安电子科技大学出版社(西安市太白南路 2 号)
电　　话　(029)88202421　88201467　　　　　邮　　编　710071
网　　址　www.xduph.com　　　　　　　　　电子邮箱　xdupfxb001@163.com
经　　销　新华书店
印刷单位　陕西天意印务有限责任公司
版　　次　2020 年 12 月第 1 版　　2023 年 7 月第 3 次印刷
开　　本　787 毫米×1092 毫米　1/16　印张 13
字　　数　304 千字
印　　数　2551～3550 册
定　　价　34.00 元
ISBN　978−7−5606−5803−2 / TU

XDUP 6105001−3

如有印装问题可调换

序

  "高职高专项目式实践类系列教材"是在贯彻落实《国家职业教育改革实施方案》(简称"职教20条")文件精神，推动职业教育大改革、大发展的背景下，结合职业教育"以能力为本位"的指导思想，以服务建设现代化经济体系为目标而组织编写的。在新经济、新业态、新模式、新产业迅猛发展的高要求下，本系列教材以现代学徒制教学为导向，以"1+X"证书结合为抓手，对接企业、行业岗位要求，围绕"素质为先、能力为本"的培养目标构建教材内容体系，实现"以知识体系为中心"到"以能力达标为中心"的转变，开展人才培养的实践教学。

  本系列教材编审委员会于2019年6月在重庆召开了教材编写工作会议，确定了此系列教材的名称、大纲体例、主编及参编人员(含企业、行业专家)等主要事项，决定由重庆科创职业学院为组织方，聘请高职院校的资深教授和企业、行业专家组成教材编写组及审核组，确定每本教材的主编及主审，有序推进教材的编写及审核工作，确保教材质量。

  本系列教材坚持理论知识够用，技能实战相结合，内容上突出实训教学的特点，采用项目制编写，并注重教学情境设计、教学考核与评价，强化训练目标，具有原创性。经过组织方、编审组、出版方的共同努力，希望本套"高职高专项目式实践类系列教材"能为培养高素质、高技能、高水平的技术应用型人才发挥更大的推动作用。

高职高专项目式实践类系列教材编审委员会

2019年10月

高职高专项目式实践类系列教材
编审委员会

前　言

本书是在贯彻落实《国家职业教育改革实施方案》(简称"职教 20 条")文件精神，推动职业教育大改革、大发展的背景下，结合职业教育"以能力为本位"的指导思想，实现"以知识体系为中心"到"以能力达标为中心"的转变，以建筑信息模型技能训练中的典型实训项目为载体，将教学、训练、职业资格考试理论与技能知识考点统筹编写而成的。

本书的编写特色如下：

1. 立足专业、紧贴教学标准

为适应高职高专建筑类、工程管理类、工程造价类、建筑设计类等专业教学，对建筑信息模型基础、建筑信息模型建模教学内容做了合理取舍，精炼实训项目，满足教学标准需求。

2. 理论与实践相结合，体现职教特色

在内容编排上，本书贯彻理论实践一体化的教学思想，将"训练"贯穿于教学全过程，通过训练来培养学生的技能，尤其是仿真、实物制作的引入，使枯燥的理论学习变得形象生动。

3. 多元化考评体系，促进"1+X"证书结合

为体现出对学生专业技能和综合素质的培养，注重学生在完成学习实训任务过程中的考评，在每个技能训练项目的任务表中，给出了明确详细的考评标准，并将工作习惯、协作精神等纳入考核。同时，将《建筑信息模型（BIM）职业技能等级标准》国家职业标准考纲要求的知识与技能融入实训项目中，以强化学生对"1+X"职业资格证书的认知。

本书由郑传璋担任主编，编写实训项目六、实训项目八及实训项目九，并负责全书统稿工作；陈浩担任主审，负责全书审稿工作；魏成惠负责编写实训项目四；张义坤负责编写实训项目一；王甜负责编写实训项目三；李海

林负责编写实训项目五；刘玲负责编写实训项目二；张明祥负责编写实训项目七；王健（企业工程师）负责编写实训项目十。

本书的参考学时如下：

课 程 内 容	学 时
实训项目一　BIM 与 Revit 简介	4
实训项目二　标高与轴网的创建	4
实训项目三　柱与墙体的创建	6
实训项目四　门和窗的创建	4
实训项目五　楼板、天花板和屋顶的创建	8
实训项目六　楼梯、坡道和扶手的创建	8
实训项目七　场地与 RPC	6
实训项目八　建筑表现	6
实训项目九　明细表及图纸创建	8
实训项目十　项目实例模型创建	10
总　　计	64

由于编者水平有限，书中难免存在不足之处，恳请广大读者批评指正，以便再版时进一步修订和完善本书。

编　者
2020 年 6 月

目　录

实训项目一 BIM 与 Revit 简介

 项目分析

建筑信息模型(Building Information Modeling，BIM)是建筑学、工程学及土木工程的新工具。建筑信息模型或建筑资讯模型一词是由 Autodesk 公司所创的，它用来形容那些以三维图形为主、物件导向、与建筑学有关的计算机辅助设计。BIM 的核心是通过建立虚拟的建筑工程三维模型，利用数字化技术，为这个模型提供完整的、与实际情况一致的建筑工程信息库。

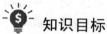 知识目标

(1) 理解 BIM 的概念，能够区别 BIM 与建模。
(2) 能够知晓 BIM 的常用软件有哪些，在国内哪些软件为常用软件。
(3) 理解 BIM 在各阶段的运用。

 能力目标

(1) 了解 Revit 的特点，并且能够了解其基本功能。
(2) 熟悉并掌握 Revit 界面。

任务一 BIM 简 介

任务目标

(1) 理解 BIM 的概念，能够区别 BIM 与建模。
(2) 能够知晓 BIM 的常用软件有哪些，在国内哪些软件为常用软件。
(3) 理解 BIM 在各阶段的运用。

知识链接

一、BIM 的概念

1975 年，美国佐治亚理工学院(Georgia Institute of Technology)建筑与计算机专业的查克·伊斯曼博士提出了 BIM 的概念，他认为应将整个建筑项目中的全部几何模型信息和功能要求及构建性能等一起组成一个建筑信息模型，将一个工程项目中包含建造工程、施工进度以及维护管理等在内的整个生命周期内相关的全部信息集中到一个独立的建筑模型中。中华人民共和国住房和城乡建设部的工程质量安全监管司对 BIM 的定义为：BIM 技术是一种对工程设计、建造以及管理过程中的营业数据信息化的工具，该技术将项目中所有的数据信息存储到参数模型中，从项目的开始到建筑消失的全生命周期过程中，利用 BIM 技术可以使整个项目的数据信息实现交换与共用。

BIM 是对工程项目实体与功能特性的数字化表达；是一个完善的信息模型，能够连接建筑项目生命周期不同阶段的数据、过程及资源；是一个工程对象的完整描述，提供可自动计算、查询、组合拆分的实际工程数据，可被建设项目各方广泛使用。简单来说，BIM 是通过计算机建立三维模型，并在模型中存储了设计师需要的所有信息，如平面、立面和剖面图纸统计表格以及文字说明和工程清单等，并且这些信息全部根据模型自动生成，与模型实时关联。

二、BIM 的特点

BIM 技术是一种全新的建筑制图软件，也是一个三维的建筑设计工具。最重要的一点，它可以改变人们传统的思想观念，给人们植入一种全新的理念。BIM 技术改善了以往平面作图所带来的缺陷，它采用的三维表示方法向人们展示了建筑中各个细节的衔接情况，能够让人们更加清楚地看到建筑的效果模型，用三维数字技术提升建筑工程建设各个细节的质量和效率。它集成了整个建筑项目中各个部门的数据信息，从而构成了数据模型。这个数据模型可以完整而准确地提供整个建筑工程项目的信息。BIM 技术的特点主要有以下五个方面。

1. 集成性和联动性

BIM 技术是通过三维数字化制图工具，并集成所有相关数据构建起来的立体模型。BIM 技术并不只是提供简单的几何对象的绘图工具，在操作应用上也不需要编辑点、线、面等简单的元素。它所构建的都是整个建筑的门、窗、梁、柱、墙等对象之间的关系，在遇到调整需要修改时，只需对调整的构建进行修改就可以实现对整个建筑的修改。

2. 协调性和一致性

BIM 技术的软件系统实现建立在数据基础上的三维立体模型，当一个三维立体模型建立后，各个工程项目之间的联系也就建立了起来，从而可以实现多种信息和数据格式的传送，达到共享信息的目的。采用这种方式，工程项目的负责人不用担心由于时间或者空间的差异产生的不必要的误差问题，工作人员可以更加安心地完成自己的任务，保持整个建筑工程项目可以同步进行，从而提升效率。

3. 实现参数化的设计

所谓"参数化"，是指模型之间、所有图元之间的联系，这些联系既可以手动设置也可以通过系统来自动创建。参数化的存在可以给 BIM 技术提供最基本的工作平台，有了这样一个平台，项目中一些需要修改的地方就可以及时方便地进行处理，而且所有修改也能够在建筑的项目数据库中体现出来。

4. 遵守统一的标准，实现信息共享

BIM 技术所采用的数据格式都是遵守国际标准的，因此所有使用 BIM 技术的软件都会支持国际标准格式 IFC(Industry Foundation Classes，建筑工程数据交换标准)。当工程数据采用 IFC 格式时，所有支持国际标准的 BIM 软件都可以对此进行解读，这样就可以更加方便地处理软件间模型的交互问题。例如，Revit Structure 软件可以对 Revit Architecture 中的信息数据加以处理，因为它们支持的数据格式都是 IFC。

5. 各个参与方协同合作

建筑工程项目是一个非常复杂的经营行为，具有消耗时间长、参与人员多、涉及的学科广等特点，因此保证建筑信息可以实时地交换与共享是建筑项目的一项重要工作。而常用的建筑软件涵盖的功能并不全面，只能满足建筑生命周期中某一阶段或者某一专业的要求。例如建筑制图用的 CAD 软件、3ds Max 软件、天正等，都不能涵盖建筑的整个生命周期。而一个建筑所需要表达的内容，也不仅仅是通过操作一个软件就可以实现的，而是由多个软件一起辅助完成的。为了确保信息的交流与共享不出现差错，需要制定统一的信息标准。只有有了统一的信息标准，才能保证工作顺利且高质量地完成。BIM 技术的出现，很好地解决了这些问题。

三、BIM 的优势

对于不同类型的建筑，其建造过程可能完全不同，但是它们都有一个相同的流程。这个流程包括六个阶段，分别为前期的项目可行性研究、初步设计、验收施工成果、投入使用管理和维护以及拆除等。这六个阶段是所有建筑都必须经历的阶段，不同的阶段，参与的人员可能会不同，参与的活动也可能不同，但是它们之间仍然有着千丝万缕的联系，也正是因为这种联系的存在，才能够确保工程项目的顺利实施。

建筑的数据信息是整个建筑项目的核心部分，能否达到设计的目标就看整个建筑工程项目的细节部分是否准确，这是重要的审核依据。当然，每个阶段的建筑信息也会根据工程阶段的变化而变化。

六个阶段中，最先开始的就是可行性研究。可行性研究阶段是初级阶段，主要是对一些现有的设施和以往经验的汇总，并在此基础上分析整个市场的环境现状、材料的销售状况、现场的设备情况、人员的录入情况、资金的估算与筹备情况等，然后根据这些情况拟定一个可行的研究方案，同时要给出经济方面和技术方面的可行性建议。一些现有的设备和经验也可以作为现有建筑数据信息的可行性参考。但是，很少有设计师愿意回顾设备的使用情况，也没有将其做成一个完整的数据库来记录设备的信息以便及时反

馈情况。

　　建筑设计是一个重要的阶段，在这个阶段可以决定整个建筑实施的方案，确定整个建筑项目信息的构建情况。建筑设计阶段是建立在可行性研究阶段的基础上的，正是有了第一个阶段的信息收集，才有了第二个阶段的成果。建筑设计阶段的成果主要包括设计图纸及说明、所需材料的清单、合同等。只有这些相关材料和设计图纸齐全，才能保证整个工程的顺利开始。在此阶段，参与相关工作的人员较多，由于他们所关注的角度不同，所以在某些意见上会存在一些分歧，这时就会凸显沟通交流的重要性。由于这个阶段是一个新建工程的施工准备阶段，所以需要的文件材料比较多，所产生的信息繁多且复杂，需要有专人来处理，从而传达正确的信息。因为建筑设计的全过程是一个需要不断改进、不断完善的过程，很多地方都需要随时修改，所以就需要设计团队的成员之间经常进行交流。同时，设计师与材料的供应商之间的交流也是非常有必要的，通过他们的及时沟通协调，可以减少部分不必要的开支。同样，设计师与开发商的联系和交流更是必不可少的。但是迄今为止，在设计图纸与建立档案的过程中还是会存在一些矛盾。

　　建筑施工开始后，通过招投标确定的施工单位会得到大量的信息。这些都是从建筑设计阶段整理出来的。随着工程的开工建设，建筑信息也会随着新阶段的开始而增加。开发商应明确不同的施工细节、选定材料及辅助设施，并且在设计阶段没有考虑到的一些施工问题也需要及时予以解决，这样才能保证工程的顺利进行。设计阶段提供的信息是否安全合理是施工能否高效进行的关键。在建筑设计的过程中，施工图设计遗留的问题会在施工时变得更加明显，合同的矛盾、变化的订单以及到了最后导致业主不认同、预算超标等问题会越来越难以解决。

　　一栋建筑一旦竣工，就需要交付客户进行使用。在建筑的运营与维护阶段，开发商需要特别注意人们的正常活动和建筑的正常运营之间的问题。一栋较为复杂的建筑，其操作与维护工作也会较为复杂。因此，完成该阶段的工作就需要一个完备的管理系统，由建筑的各项数据组成的数据库是该系统的核心部分，只有了解整个建筑的空间结构、形体构造以及楼梯管道的位置才能编制出相对完整的数据库。

　　如果建筑到了一定的年限或者遇到一些突发的状况需要拆除，该建筑就会被列入拆除计划，进入建筑全生命周期的最后阶段。在这个阶段内，最重要的信息依然是整个建筑的结构信息和建筑材料信息，只有充分了解了结构信息，才能够让相关专业人员制订正确的拆除方案，材料信息则可以帮助拆除人员在拆除前了解可能发生的有毒污染及有毒材料的情况。

　　BIM 是一个全新的设计方法，它包含的资料众多，包括整个建筑的施工过程、施工方法和管理方法，还有整个阶段的规划、建造过程、运营情况、发生的问题等全部的数据信息资料。这些资料全部保存在一个 3D 模型中，只要整个建筑还在运行，则该模型中的数据就可供相关人员使用，这个 3D 模型可以帮助有关部门制订正确的决策和方案，提高工作效率。对所有的工作人员来说，理想的建筑信息模型应该包含全部的信息条件，包括从市政府、国土资源局等相关的勘察部门已有的 GIS 模型中所获得的地理环境情况；从建筑师、设计师那里所获得的建筑的设计图纸体量形态信息；从结构工程师那里获得的建筑内部结构、各个部位的受力情况；从暖通工程师那里获得的暖气管、排气管等位置坐标信息。

所有与此建筑有关的信息都包含在这个 3D 数据模型之中，无论今后哪一方面遇到了问题都可以在数据库中找到相关的资料。

四、BIM 的特点

BIM 的优势有很多，包括可视化操作、易协调模拟、优化出图流程、具有协调能力等。下面介绍其主要特点。

1. 利用数据库代替传统的绘图，使设计从二维转向三维

传统的 CAD 设计是在二维的平台上进行绘图分析，利用平面图、立面图、剖面图、建筑详图、说明、材料等设计文档来交换信息。这种工作模式经常会在图纸的传递过程中产生一些问题，如各专业在空间布置上的冲突。而且随着建筑造型与建筑空间的设计越来越复杂，传统的 CAD 二维设计在表达和协同工作方面已经无法满足需要了。

CAD 这种二维的设计方式会产生大量的设计图纸，一个工程至少有几百张图纸。这些图纸之间相互联系性较差，每一张图纸都较为独立，使得每一个项目都无法完整保留工程项目全部的数据信息，从而每一阶段的资料只能由该专业的团队处理，这样导致项目在协调沟通方面存在缺陷。因此，如何使建筑设计与其他相关专业实现协同合作，使设计过程中的沟通协调更方便快捷，是建筑业面临的一个难题，并且目前的建设项目在协调及整合方面有着很高的要求，传统的二维设计模式已经无法适应。

将相对独立的图纸改变为整体的数字化信息存储到统一的数据库中，就可以适应当下的设计趋势了。建筑信息模型就是将建筑项目中各个环节所有的数据信息存储起来的中央数据库，与该项目相关的所有数据信息都存储在这个数据库中，此数据库为项目参与各方的交流与协作提供了便利，使项目在整合与协作方面得以提升。

BIM 具有动态可视化设计的功能，与 3D 设计一样，它也是三维的操作环境，可以提供三维的实体形象供人们设计研究。例如，建筑设备中水、暖专业的设备布线和管道布置等情况均可通过三维直观的形象来确认其合理性，使建筑空间得到更好的处理，防止不同专业管线冲突的情况发生，使不同专业间的配合和协调能力得以增强。同时，它可以快速准确地发现并解决问题，使不同专业在图纸传递过程中出现的问题显著减少。

2. 分布式模型

通过单个的 BIM 软件来完成项目中复杂的工作是困难的，只有不同类型的 BIM 软件协同工作才行。当下，BIM 软件的类型主要分为创作与分析两种。将这两种类型的 BIM 软件结合来使用是目前 BIM 用户较为常用的方法，也即"分布式"方法。这种方法需要设计或施工单位提供较为独立的模型，包括以下几种。

(1) 设计模型：涵盖建筑、结构、给排水、暖通、电气以及土木等基础设施。

(2) 施工模型：按照设计模型的内容需要设计合理的施工步骤。

(3) 施工进度(四维)模型：把工程中划分的每一阶段与每一阶段的项目要素统一处理。

(4) 成本(五维)模型：将工程项目的成本与设计模型和施工模型联系起来。

(5) 制作模型：与传统的图纸相同，作为表达的工具。

(6) 操作模型：可以为业主模拟运营。

前文提到的 BIM 数据库，其实就是指这些模型。这些模型可以看成一个整体，将建筑工程相关的所有数据信息储存到模型中，然后再利用模型检测、进度安排、概算、人流量控制等功能的分析工具加以处理。这方便了设计人员协同设计，节约了成本，也方便了施工组织等方面的工作。

五、BIM 软件

常用的 BIM 软件有十几种。下面对国内市场上使用的 BIM 软件进行梳理和分类。

1. BIM 核心建模软件

常用的 BIM 核心建模软件如图 1-1 所示。

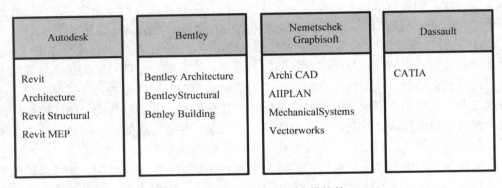

Autodesk	Bentley	Nemetschek Grapbisoft	Dassault
Revit Architecture Revit Structural Revit MEP	Bentley Architecture BentleyStructural Benley Building	Archi CAD AIIPLAN MechanicalSystems Vectorworks	CATIA

图 1-1　常用的 BIM 核心建模软件

BIM 核心建模软件的主要特点如下：

(1) Autodesk 公司的 Revit 建筑结构和机电系列，在民用建筑市场借助 AutoCAD 的天然优势，具有相当不错的表现。

(2) Bentley 建筑结构和设备系列，在工厂设计(如石油、化工、电力、医药等)和基础设施(如市政、道路与桥梁水利等)领域有毋庸置疑的优势。

(3) Archi CAD 是一个面向全球市场的产品，是最早具有市场影响力的 BIM 核心建模软件，但是在中国市场上，其专业配套的功能(仅限于建筑专业)与多专业一体的设计体制不匹配，故很难实现业务突破。

(4) Dassault 公司的 CATIA 是全球最高端的机械设计制造软件，在航空、航天、汽车等领域具有接近垄断的市场地位，应用到工程建设行业，无论是对复杂形体还是超大规模建筑等，其建模能力、表现能力和信息管理能力比传统的建筑类软件有明显的优势，但与工程建设行业的项目特点和人员特点的对接问题则是其不足之处。

因此，对一个项目或企业的 BIM 核心建模软件技术路线的确定，可以考虑以下基本原则：

(1) 民用建筑可选择 Autodesk Revit。

(2) 工厂设计和基础设施可选择 Bentley。

(3) 单专业建筑事务所选择 Archi CAD、Revit 和 Bentley 都可以。

(4) 项目完全异性、预算比较充足时可选择 Digital Project 或 CATIA。

2. BIM 方案设计软件

BIM 方案设计软件用于设计初期，其主要功能是把业主设计任务书基于数字的项目要求转化成基于几何形体的建筑方案。此方案用于业主与设计师之间的沟通和方案研究论证。BIM 方案设计软件可以帮助设计师验证设计方案和业主设计任务书中的项目要求是否匹配，BIM 方案设计软件的成果可以转换到 BIM 核心建模软件中进行设计深化，并继续验证满足业主要求的情况。目前，主要的 BIM 方案设计软件有 Onuma Planning System 和 Affinity 等。

3. 与 BIM 接口的几何造型软件

鉴于设计初期阶段的形体、体量研究或者遇到复杂建筑造型的情况，使用几何造型软件会比直接使用 BIM 核心建模软件更方便、效率更高，甚至可以实现 BIM 核心建模软件无法实现的功能。几何造型软件的成果可以作为 BIM 核心建模软件的输入。目前，常用的几何造型软件有 Sketchup Rhino 和 FormZ 等。

4. BIM 可持续(绿色)分析软件

可持续或者绿色分析软件可以使用 BIM 模型的信息对项目进行日照、风环境、热工、景观可视度噪声等方面的分析，常用的软件有国外的 Ecete IE.Green、Building Studio 以及国内的 PKPM 等。

5. BIM 机电分析软件

国内的水暖电等设备和电气分析软件产品有鸿业、博超等，国外的产品有 Desinmaste、IES Virtual Environment、Trane Trace 等。

6. BIM 结构分析软件

结构分析软件是目前和 BIM 核心建模软件集成度比较高的产品，二者之间基本可以实现双向信息交换，即结构分析软件可以使用 BIM 核心建模软件的信息进行结构分析，对分析结果的调整又可以反馈到 BIM 核心建模软件中，自动更新 BIM 模型。ETABS、STAAD.Robot 等国外软件以及 PKPM 等国内软件都可以与 BIM 核心建模软件配合使用。

7. BIM 可视化软件

有了 BIM 模型以后，对于可视化软件的使用来说有如下好处：
(1) 减少了可视化模型的工作量。
(2) 提高了模型的精度和设计(实物)的吻合度。
(3) 可以在项目的不同阶段以及各种变化情况下快速产生可视化效果。常用的可视化软件包括 3ds Max.Artlantis、AecuRender 和 Lightseape 等。

8. BIM 模型检查软件

BIM 模型检查软件既可以用来检查模型本身的质量和完整性，如构件之间有没有冲突等，也可以用来检查设计是否符合业主的要求，是否符合规范的要求等。

9. BIM 深化设计软件

Xsteel 是目前最有影响的基于 BIM 技术的钢结构深化设计软件。该软件可以使用 BIM

核心建模软件的数据对钢结构进行面向加工、安装的详细设计,生成钢结构施工图(包括加工图、深化图、详图等)、材料表、数控机床加工代码等。

10. BIM 模型综合碰撞检查软件

下面两个原因导致了模型综合碰撞检查软件的出现。

(1) 不同的专业人员使用各自的 BIM 核心建模软件建立自己专业相关的 BIM 模型。这些模型需要在同一个环境中集成起来才能完成整个项目的设计、分析、模拟。而这些不同的 BIM 核心建模软件无法实现这一点。

(2) 对于大型项目来说,硬件条件的限制使得 BIM 核心建模软件无法在一个文件中操作整个项目模型,但是又必须把这些分开创建的局部模型整合在一起,研究整个项目的设计、施工及其运营状态。

模型综合碰撞检查软件的基本功能包括集成各种三维软件(包括 BIM 软件、三维工厂设计软件和三维机械设计软件等)创建的模型进行 3D 协调,4D 计划、可视化动态模拟等属于项目评估、审核软件的一种。常见的模型综合碰撞检查软件有 Autodesk Navisworks、Bentley Projeet Wise Navigator 和 Solibri Model Checker 等。

11. BIM 造价管理软件

造价管理软件利用 BIM 模型提供的信息进行工程量统计和造价分析。由于 BIM 模型结构化数据的支持,基于 BIM 技术的造价管理软件可以根据工程施工计划动态提供造价管理需要的数据,这就是 BIM 技术的 5D 应用。国外的 BIM 造价管理软件有 Innovaya 和 Solibri,国内的 BIM 造价管理软件的代表有鲁班、广联达、斯维尔等。

12. BIM 运营管理软件

我们把 BIM 形象地比喻为建设项目的 DNA,根据美国国家 BIM 标准委员会的资料,一个建筑物生命周期 75%的成本发生在运营阶段(使用阶段),而建设阶段(设计施工)的成本只占项目生命周期成本的 25%。BIM 模型为建筑物的运营管理阶段服务,是 BIM 应用的重要推动力和工作目标。在这方面,美国的运营管理软件 ArchiBus 是最有市场影响的软件之一。

13. BIM 发布审核软件

最常用的 BIM 成果发布审核软件包括 Autodesk Design Review、Adobe PDF 和 Adobe 3D PDF。正如这类软件本身的名称所描述的那样,发布审核软件把 BIM 的成果发布成静态的、轻型的包含大部分智能信息且不能编辑修改但可以标注审核意见供更多人访问的格式,如 DWF/PDF/3D PDF 等,供项目其他参与方进行审核或者利用。

 技能训练习题

1. 建筑工程信息模型的信息包含集合信息和(　　)。
A. 非集合信息　　　B. 属性信息　　　C. 空间信息　　　D. 时间信息
2. 下列选项属于 BIM 技术的特点的是(　　)。
A. 可视化　　　　B. 参数化　　　　C. 协调化　　　　D. 仿真化　　　　E.自动化

任务二　Revit 简介

任务目标

(1) 了解 Revit 的特点，并且能够知道它的基本功能。

(2) 熟悉 Revit 界面如何掌握。

知识链接

一、Revit 软件概述

　　Revit 是专为 BIM 构建的，是 Autodesk 用于建筑信息模型的平台，从概念性研究到最详细的施工图纸和明细表，基于 Revit 的应用程序可带来立竿见影的竞争优势，提供更好的协调和质量，并使建筑师和建筑团队的其他成员获得更高收益。

　　Revit 经历多年的发展，功能不断完善。Revit 拥有建筑、机电、结构的建模环境。Revit(建筑)软件的应用特点主要有以下几个方面：

　　(1) 要建立三维设计和建筑信息模型的概念，创建的模型应具有真实信息参数。例如，创建墙体模型，不仅要有实际高度的三维模型，还应有构造层及内外墙的差异。创建模型时，这些都应根据项目应用的需要加以考虑。

　　(2) 关联和关系的特性。平面、立面、剖面图纸与模型、明细表实时关联，即具有一处修改处处修改的特性。例如，墙和门窗的依附关系，墙能附着于屋顶楼板等主体的特性，栏杆能指定坡道楼梯为主体，尺寸、注释和对象的关联关系等。

　　(3) 参数化设计的特点。类型参数、实例参数和共享参数等对构件的尺寸、材质、可见性、项目信息等属性的控制，不仅是建筑构件的参数化，而且可以通过设定约束条件实现标准化设计，如整栋建筑单位的参数化、工艺流程的参数化、标准厂房的参数化设计等。

　　(4) 设置限制性条件，即约束。例如，设置构件与构件、构件与轴线的位置关系，设定调整变化时的相对位置变化的规律等。

　　(5) 协同设计的工作模式。其具体表现为：工作集在同一个文件模型上协同，链接文件管理在不同文件模型上协同。

　　(6) 阶段的应用引入了时间概念，实现四维施工建造管理的相关应用，阶段设置可以和项目工程进度相关联。

　　(7) 实时统计工程量的特性，可以根据工程进度的不同阶段分期统计工程量。

　　(8) 参数化特征。参数化设计是 Revit 建筑设计的一个重要特征，其主要分为两个部分：参数化图元和参数化修改引擎。其中，在 Revit 建筑设计过程中，图元都是以构件的形式出现的，这些构件之间的不同是通过参数的调整反映出来的，参数保存了图元作为数字化建筑构件的所有信息。而参数化修改引擎提供的参数更改技术则可以使用户对建筑设计或文档部分进行的任何改动都自动地在其他关联的部分反映出来。Revit 建筑设计工具采用智能建筑构件、视图和注释符号，删除和尺寸的改动所引起的参数变化都会引起相关构件的参数产生关联的变化，任意视图下所发生的变更都能参数化、双向地传播到所有视图，以保证所有图纸的一致性，不必逐一对所有视图进行修改，提高了工作效率和工作质量。

二、Revit 软件的基本功能

Revit 软件能够帮助用户在项目设计流程前期探究新颖的设计概念和外观，并能在整个施工文档中真实传达设计理念。Revit 建筑设计领域面向 BIM 构建，支持可持续设计、冲突检测、施工规划和建造，同时还可以使用户与工程师、承包商与业主更好地沟通协作。其设计过程中的所有变更都会在相关设计与文档中自动更新，实现更加协调一致的流程，获得更加可靠的设计文档。Revit 建筑设计的基本功能包括以下几个方面。

1. 概念设计功能

Revit 的概念设计功能提供了自由形状建模和参数化设计工具，并且可以使用户在方案设计阶段及早对设计进行分析。

用户可以自由绘制草图，快速创建三维形状，交互式地处理各种形状；可以利用内置的工具构思并表现复杂的形状，准备用于预制和施工环节的模型。随着设计的推进，Revit 还能够围绕各种形状自动构建参数化框架，提高用户的创意控制能力、精确性和灵活性。此外，从概念模型直至施工文档，所有设计工作都在同一个直观的环境中完成。

2. 建筑建模功能

Revit 的建筑建模功能可以帮助用户将概念形状转换成全功能建筑设计。用户可以选择并添加面，由此设计墙、屋顶、楼层和幕墙系统，而且可以提取重要的建筑信息，包括每个楼层的总面积。此外，用户还可以将基于相关软件应用的概念性体量转化为 Revit 建筑设计中的体量对象来进行方案设计。

3. 详图设计功能

Revit 附带详图库和详图设计工具，能够进行广泛的预分类，并且可轻松兼容 CSI 格式，用户可以根据公司的标准创建、共享和定制详图库。

4. 材料算量功能

利用材料算量功能计算详细的材料数量。材料算量功能非常适合用于计算可持续设计项目中的材料数量和估算成本，显著优化材料数量的跟踪流程。随着项目的推进，Revit 的参数化变更引擎将随时更新材料统计信息。

5. 冲突检查功能

用户可以使用冲突检查功能来扫描创建的建筑模型，查找构件间的冲突。

6. 设计可视化功能

Revit 的设计可视化功能可以创建并获得如照片般真实的建筑设计创意和周围环境效果图，使用户在实际动工前体验设计创意。Revit 中的渲染模块工具能够在短时间内生成高质量的渲染效果图，展示出令人震撼的设计作品。

三、Revit 软件的基本术语

1. 项目

在 Revit 中，项目是单个设计信息数据库模型。项目文件包含建筑的所有设计信息，从几何图形到构造数据。这些信息包括用于设计模型的构件、项目视图和设计图纸等。通过使用单个项目文件，用户可以轻松地修改设计，还可以使修改反映在所有的关联区域，如平面视图、立面视图、剖面视图明细表等，故仅需跟踪一个文件，从而方便项目管理。

2. 图元

Revit 包含三种图元，即模型图元、视觉专用图元和基准图元。项目和不同图元之间的关系如图 1-2 所示。

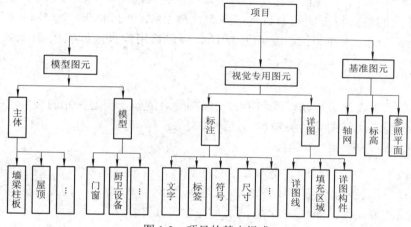

图 1-2　项目的基本组成

1) 模型图元

模型图元代表建筑的实际三维几何图形，如墙、梁、柱、楼板、门窗等。Revit 按照类别、族和类型对图元进行分级，三者的关系如图 1-3 所示。

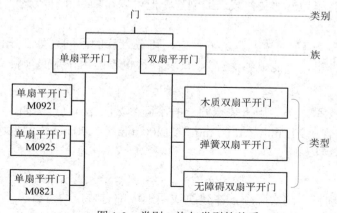

图 1-3　类别、族与类型的关系

2) 视图专用图元

视图专用图元只显示在放置这些图元的视图中，对模型图元进行描述或归档，如尺寸标注、标记和二维详图等。

3) 基准图元

基准图元用于协助定义项目范围，如轴网、标高和参照平面等。

(1) 轴网：有限平面，可以在立面视图中拖曳其范围，使其不与标高线相交。轴网可以是直线，也可以是弧线。

(2) 标高：无限水平平面，用于屋顶、楼板和天花板等以层为主体的图元的参照，大多用于定义建筑内的垂直高度或楼层。要放置标高，必须处于剖面或立面视图中。

(3) 参照平面：精确定位、绘制轮廓线条等的重要辅助工具。参照平面对于族的创建非常重要，分为二维参照平面及三维参照平面，其中三维参照平面显示在概念设计环境中。在项目中，参照平面能出现在各楼层平面中，但在三维视图中不显示。

Revit 图元的最大特点就是参数化，参数化是 Revit 实现协调、修改和管理功能的基础，大大提高了设计的便利性。Revit 中的图元可以让用户直接创建或者修改，无须进行编程。

3. 类别

类别是用于对设计进行建模或归档的一组图元。例如，模型图元的类别包括家具、门窗、卫浴设备等，注释图元的类别包括标记和文字注释等。

4. 族

族是组成项目的构件，同时是参数信息的载体。族根据参数(属性)集的共用、使用功能上的相同和图形表示内容的相似来对图元进行分组。一个族中不同图元的部分或全部属性可能有不同的值，但是属性的设置(其名称与含义)是相同的。

Revit 包含以下三种族：

(1) 可载入族：使用族样板在项目外创建的 rfa 文件，可以载入项目中，具有高度可自定义的特征。因此，可载入族是用户最常创建和修改的族。

(2) 系统族：已经在项目中预定义且只能在项目中进行创建和修改的族，如墙、楼板、天花板等。它们不能作为外部文件载入或创建，但可以在项目和样板之间复制和粘贴，或者传递系统族类型。

(3) 内建族：在当前项目中新建的族，它与可载入族的不同之处在于，内建族只能存储在当前的项目文件里，不能单独保存为 rfa 文件，也不能用在别的项目文件中。

5. 类型

族可以有多个类型。类型用于表示同族的不同参数(属性)值。例如，某个窗族"双扇平开带贴面"rfa 包含"900 mm × 1200 mm""1200 mm × 1200 mm""1800 mm × 900 mm"(宽 × 高)三种不同类型。

6. 实例

实例是放置在项目中的实际项，在建筑或图纸中都有特定的位置。

四、Revit 软件的界面介绍与命令

单击名称为"建筑样例项目"的缩略图，进入一个已经完成的建筑项目，如图 1-4 所示。

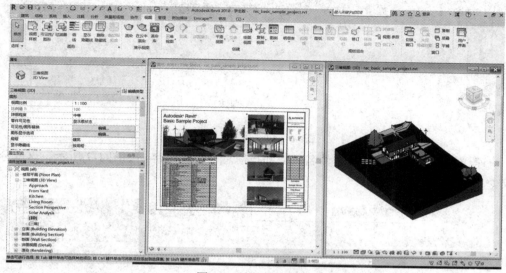

图 1-4　建筑样例项目

左上角的 Revit 图标是应用菜单程序按钮，下方的文件菜单包括新建、打开、保存及软件设置等常规按钮，如图 1-5 所示。

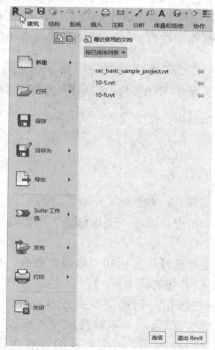

图 1-5　应用菜单程序按钮

　　修改图标的右上方是快速访问工具栏，如图 1-6 所示。软件默认放置了保存、三维视图等常用命令用以提高工作效率，此处按钮也可以自定义添加或者删除。

图 1-6　快速访问工具栏

　　快速访问工具栏的左边是文件名、帮助与信息中心等内容，如图 1-7 所示。这部分用得较少。

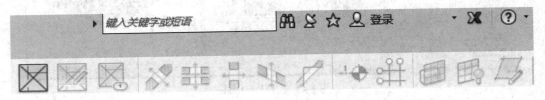

图 1-7　快速访问工具栏（左边）

　　快速访问工具栏下方采用的是 ribbon 界面的功能选项卡，里面集中了创建项目的大部分命令。它们按照工作和任务流程分布在各个选项卡中，与常用的 Office 界面类似，如图 1-8 所示。操作末端按钮 ▲ 能简约或者详细地显示选项卡中的功能命令。

图 1-8　快速访问工具栏（下方）

　　每个选项卡中包含若干个面板，单击"面板标题"可以将其拖拽出来，或者根据自己的需要和使用习惯调换位置。

　　每个选项卡的最左侧都是"选择"面板和"修改"命令。单击"选择"和"修改"或者按下"Esc"键可以退出正在进行的状态。

　　单击"快速访问"工具栏按钮，切换模型到三维视图显示。单击"建筑"选项卡→"构建"面板→"墙"命令，在选项卡末端将出现"修改|放置 墙"上下文选项，出现编辑墙体的相关命令，如图 1-9 所示。运用同样的方式选择其他命令，观察上下文选项的变化。

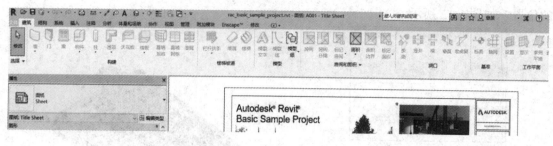

图 1-9　建筑选项

　　在出现上下文选项卡的同时，选项卡面板的下方将出现与之相应的"选项栏"，用于对命令进行更详细的设置，如图 1-10 所示。

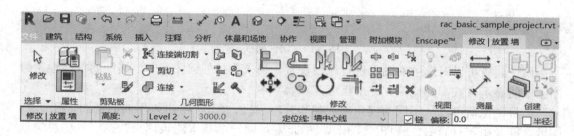

图 1-10　命令设置

　　选项栏下方的右侧是绘图区域，用于显示项目，如图 1-11 所示。

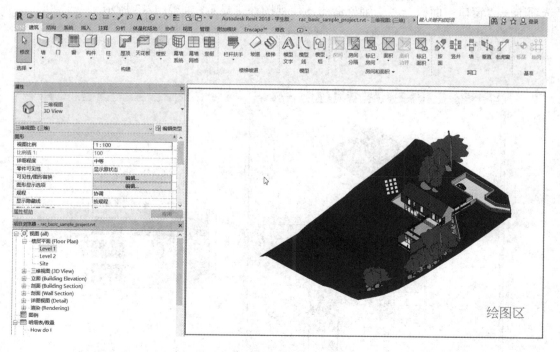

图 1-11　绘图区域

　　绘图区域左侧是属性面板和项目浏览器面板，单击面板标题可以将其拖拽至自己习惯的位置，如图 1-12 所示。

图 1-12　属性面板

属性面板可以对选中的图元进行属性设置。当未选择任何图元时，属性面板能设置绘图区域的显示方式，如比例、详细程度等内容。

项目浏览器可以从不同的视角来观察和管理项目。单击后，进入不同的视图、明细表、图纸、族及组进行查看。视图(含图纸、明细表)是同一个基本建筑模型数据库的信息表现形式，一个项目模型只有一个，视图可以有多个。

在项目浏览器中打开楼层平面下 level2 视图与三维视图下的 3D 视图，单击"视图"选项卡→"窗口"面板→"平铺"命令，使视图并排显示，如图 1-13 所示。

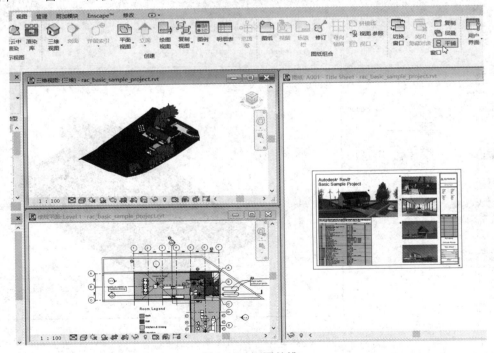

图 1-13　视图并排

用鼠标中键滚轮将两个视图放大，在 level2 视图中移动如图 1-14 所示的窗户，观察其在三维视图中的变化；在三维视图中删去刚才移动过的窗户，观察其在平面视图中的变化。

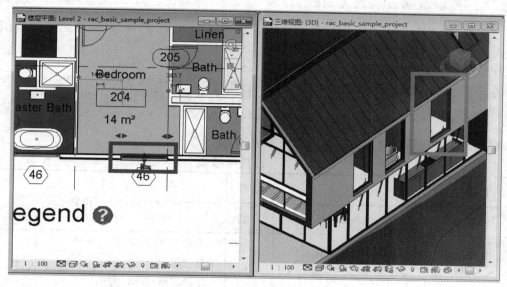

图 1-14　视图的变化

绘图区域的下方是视图控制栏，用以控制视图显示方式。视图控制栏下方是状态栏，依次是普通状态栏、工作集状态栏和选择状态栏，如图 1-15 所示。

图 1-15　视图控制栏

 技能训练习题

1. 国际上，通常将 BIM 的模型深度称为(　　　)。
A. LOD　　　　　　　　B. LCD　　　　　　　　C. LDD　　　　　　　　D. LED

2. 关于 BIM 的描述，下列正确的是(　　　)。
A. 建筑信息模型　　　B. 建筑数据模型　　　C. 建筑信息模型　D. 建筑参数模型

3. 目前，国际通用的 BIM 数据标准为(　　　)。
A. RVT　　　　　　　　B. IFC　　　　　　　　C. STL　　　　　　　　D. NWC

4. 下列无法完成建模工作的软件是(　　　)。
A. Tekla　　　　　　　B. MagiCAD　　　　　　C. Project Wise　　D. Revit

5. 下列不属于 BIM 的特点的是(　　　)。
A. 可视化　　　　　　　B. 优化性　　　　　　　C. 可塑性　　　　　　D. 可分析性

项 目 小 结

在学习 BIM 基础知识时，一定要能正确区分 BIM 与 Revit 的关系，能够正确认识 BIM 和 Revit 的基本操作是本章的核心。

技 能 考 核

根据完成情况给予考核，技能考核表如表 1-1 所示。

表 1-1   技能考核表

班级		姓名		扣分记录	得分
项目	考核要求	分值	评分细则		
BIM	能说明什么是 BIM	10 分	不能理解 BIM 基本概念扣 20 分		
BIM 的优势	能说明 BIM 优势	10 分	不能理解 BIM 优势扣 15 分		
BIM 软件	能了解 BIM 软件有哪些	30 分	不能了解 BIM 软件有哪些扣 15 分		
Revit 软件的优势	Revit 软件的优势	10 分	不能理解 Revit 软件优势扣 15 分		
Revit 界面	能了解 Revit 软件界面	20 分	不能了解 Revit 软件界面扣 20 分		
快速访问工具栏	能了解快速访问工具栏	20 分	不能了解快速访问工具栏扣 15 分		

实训项目二　标高与轴网的创建

Revit 软件创建模型先要确定建筑高度方向的信息，即标高。标高用来定义楼层层高及生成平面视图，用于反映建筑构件竖直方向的定位情况。轴网用于反映平面上建筑构件的定位情况，在 Revit 软件中，轴网确定了一个不可见的工作平面。

 ## 项目分析

在 Revit 中，轴网与标高是建筑构件三维空间定位的重要依据，而标高不是必须作为楼层层高的，所创建的标高可根据建筑模型的实际需求来进行绘制。轴网编号以及标高符号样式均可定制修改，目前可以绘制弧形和直线轴网，不支持折线轴网。

本项目需要完成以下任务：
(1) 标高创建案例。
(2) 轴网创建案例。

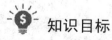 ## 知识目标

了解标高和轴网的创建。

 ## 能力目标

(1) 掌握标高的创建。
(2) 掌握轴网的创建。
(3) 掌握标高及轴网的修改。

任务一　标高案例分析

任务目标

根据建筑模型的要求创建标高。

　　标高按基准面选取的不同分为绝对标高和相对标高。以一个国家或地区统一规定的基准面作为零点的标高称为绝对标高，我国规定以青岛附近黄海的平均海平面作为标高的零点；以建筑物室内首层主要地面高度作为标高的零点称为相对标高。

　　建筑施工图中标高的表示有建筑标高和结构标高。在相对标高中，凡是包括装饰层厚度的标高称为建筑标高，注写在构件的装饰层面上；凡是不包括装饰层厚度的标高，称为结构标高，注写在构件的底部，是构件的安装或施工高度。

　　底层平面图中，室内主要地面的零点标高标注为 ±0.000，低于零点标高的为负标高，标高数字前加"−"号；高于零点标高的为正标高，标高数字前可省略"＋"号。标高符号的尖端应指至被标注的高度位置，尖端可向上，也可向下。标高的单位为米。

一、建模命令调用

　　在 Revit 中，标高命令只能在立面和剖面视图中使用，因此在正式开始项目设计前，必须先打开一个立面视图。

　　其基本指令顺序为："建筑"→"立面（东）"→"标高"→"完成"（"确定"或"取消"），同时也可以使用快捷键 LL，如图 2-1 所示。

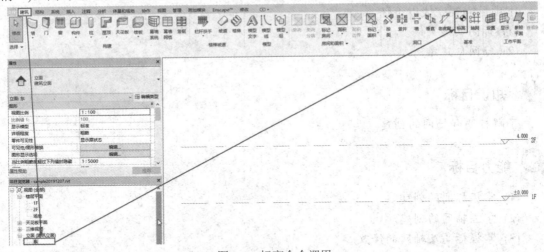

图 2-1　标高命令调用

二、标高实例操作

　　某图书馆项目建筑共五层，其中首层地面标高为 ±0.000，首层到第三层各层的层高为 4.2 米，第四层到第五层层高为 3.9 米，按要求建立项目标高，并建立每个标高的楼层平面视图。

　　绘制标高的具体步骤如下：

（1）双击"Revit2018"图标，打开软件。

（2）在项目下选择"建筑样板"，如图2-2所示。

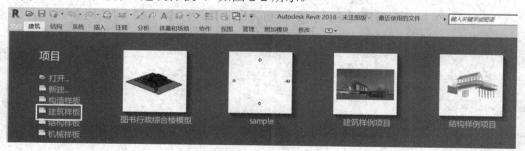

图2-2　建筑样板

（3）在绘图区左侧的"项目浏览器"中选择"立面(建筑立面)"→"南"选项，在南立面中进行标高绘制，如图2-3所示。(注：南立面绘制标高后其他立面将会显示相同的标高。)

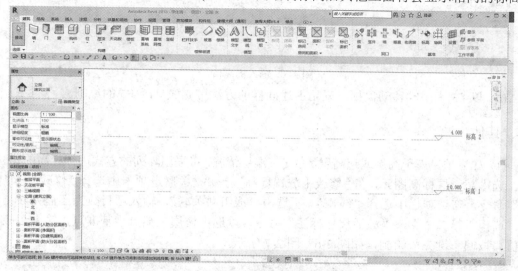

图2-3　立面视图的选择

（4）选中"标高 2"图元，单击标高值"4.000"进入标高编辑状态，输入"4.2"，然后按回车键，在空白处单击即可完成标高编辑。单击"标高 2"进入标头编辑状态，输入"F2"，在空白处单击，同时会弹出"是否希望重命名相应视图"对话框，单击"是"，标高对应的楼层平面将同时更名。可使用同样的方法，更改"标高 1"的标头文字为"F1"，如图2-4所示。

图2-4　标高及标头文字更改

(5) 选择"建筑"→"基准"→"标高"命令进入"修改 | 放置标高"上下文关联选项卡。以标高 F2 左端点为基准点，向上移动光标后输入标高"4.2"，按回车键完成绘制。如果标头没有自动识别为 F3，则手动修改标头，如图 2-5 所示。

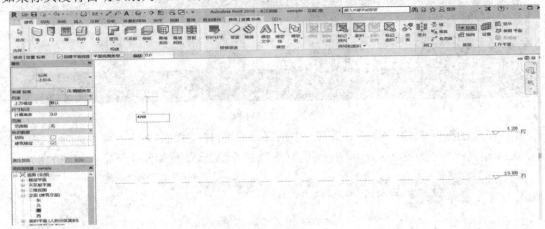

图 2-5　输入标高值

(6) 以 F3 为基准移动鼠标，采用上述同样的方法可完成 F4、F5 的绘制。

三、其他

(1) 如果项目属于高层或超高层，存在标准层情况，可采用阵列的方式进行标高的建立。

选中某一层标高图元，在"修改 | 放置标高"上下文关联选项卡中选择"修改"→"阵列"命令，在选项栏中选择"线性"，不选中"成组并关联"，输入项目数为还需完成楼层数。选择"第二个"→"激活尺寸标注"命令，以选中楼层左端点为基准点，输入相应标高值，按回车键完成绘制，如图 2-6、图 2-7 所示。

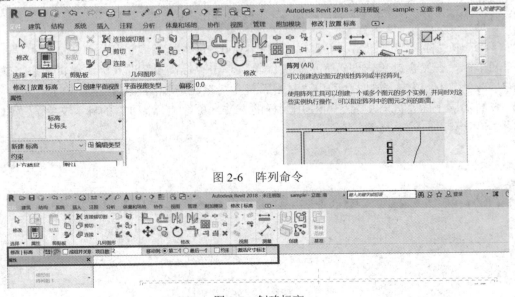

图 2-6　阵列命令

图 2-7　创建标高

（2）通过复制或阵列命令生成的标高，并没有与楼层平面进行自动关联，需手动进行关联。

选择"视图"→"创建"→"平面视图"→"楼层平面"命令，弹出"新建楼层平面"对话框，在对话框中按下 Shift 或 Ctrl 键选中未关联楼层，可完成楼层关联，如图 2-8 所示。

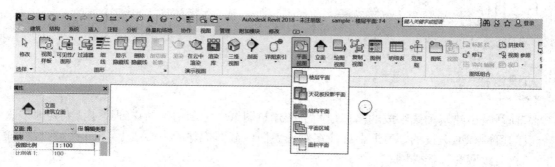

图 2-8 楼层关联

 技能训练习题

1. 创建一个新项目，以自己的名字为项目名称。某建筑共 30 层(地下 2 层＋地上 28 层)，其中地下二层、地下一层标高分别为 -6.000 m、-3.000 m，首层标高为 ±0.000 m，首层层高为 6 m，第二层至第四层层高均为 4 m，五层以上层高均为 3.6 m，按要求创建标高，并为每个标高创建对应楼层平面视图。标高名称改为以下格式：B2、B1、F1、F2、…、F28。

2. 创建一个新项目，以标高为项目名称，绘制如图 2-9 所示的标高立面图。

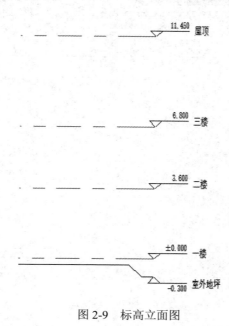

图 2-9 标高立面图

任务二　　轴网案例分析

根据建筑模型的要求创建轴网。

轴网是由建筑轴线组成的网，是为了在建筑图纸中标示构件的详细尺寸，人为地按照一般的习惯标准虚设的，习惯上标注在对称界面或截面构件的中心线上。轴网分为直线轴网、斜交轴网和弧线轴网。

轴网由定位轴线(建筑结构中的墙或柱的中心线)、标注尺寸(用中心标注建筑物定位轴线之间的距离大小)和轴号组成。

轴网是建筑制图的主体框架，建筑物的主要支撑构件按照轴网定位排列，井然有序。

一、建模命令调用

在 Revit 中，轴网只需要在任意一个平面视图中绘制一次，其他平面和立面、剖面视图中都将自动显示。

其基本指令顺序为："建筑"→"轴网"→"完成"("确定"或"取消")，同时也可以使用快捷键 GR，如图 2-10 所示。

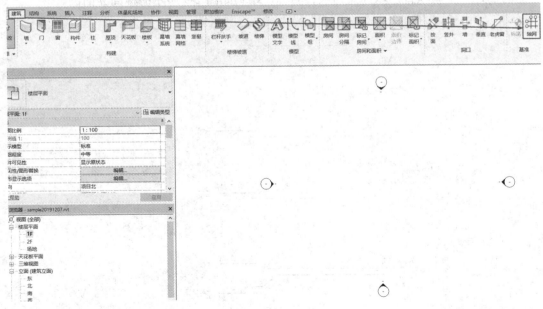

图 2-10　轴网命令调用

二、轴网实例操作

以某图书馆的设计图纸为参照建立模型，其操作步骤如下：

(1) 在绘图区左侧"项目浏览器"中选择"楼层平面"，双击 F1 进入 F1 平面视图。

(2) 选择"建筑"→"基准"→"轴网"命令，进入上下文关联选项卡，如图 2-11 和图 2-12 所示。

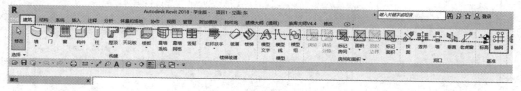

图 2-11 轴网调用命令

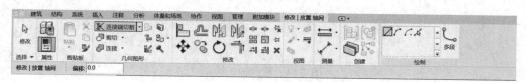

图 2-12 上下文关联选项卡

(3) 在绘图区域左下角的适当位置单击，确定轴线起点，垂直向下移动光标至合适的距离再单击，确定该轴线终点，完成 1 号轴线的创建。(注：如果移动光标时轴线不垂直，可在移动光标的同时按下 Shift 键。)

(4) 重复步骤(3)可绘制其他轴线。如果轴线间距离一样，可采用阵列命令。选中 1 号轴线，自动进入"修改|轴网"上下文关联选项卡，选择"修改"→"阵列"命令，在选项栏中选择"线性"，不选择"成组并关联"，项目数为 3，选中"第二个"，选择"约束"→"激活尺寸标注"，以 1 号轴线上端点为基准点，输入轴网间距"6000"，按回车键完成绘制，如图 2-13 所示。

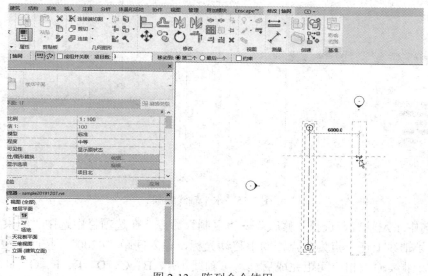

图 2-13 阵列命令使用

(5) 重复步骤(3)和步骤(4)完成竖向轴线的创建。(注：轴网建立好后如果超出立面符号范围，要将立面符号移出图内轴网范围。) 图 2-14 所示为竖向轴线的绘制，双击轴线可对其进行轴号的编辑。

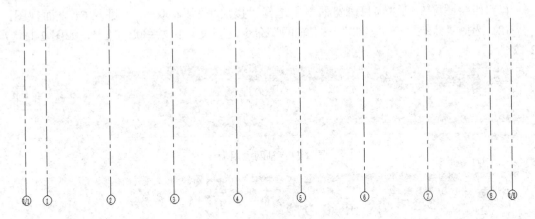

图 2-14　竖向轴线绘制

(6) 在 1/1 号轴线左上角合适的位置单击，确定水平轴线起点，将光标从左往右移动到 1/8 号轴线右侧一定距离后，单击确定水平轴线的终点，修改标头文字为"1/A"，完成水平 1/A 号轴线的绘制，如图 2-15 所示。

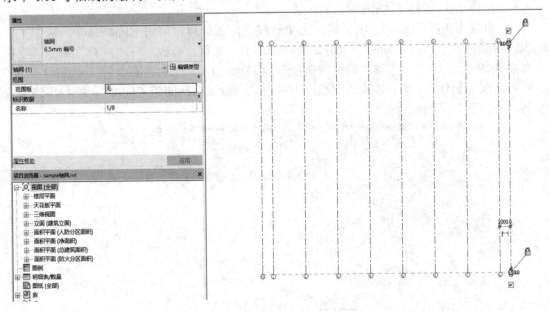

图 2-15　水平轴线绘制

(7) 选中 1/A 轴线，选择"修改"→"复制"命令，在选项栏中选中"约束""多个"。单击 1/A 号轴线上任一点为起点，向上移动光标，输入间距"4200"，按回车键完成 A 轴线的绘制。继续输入相应间距完成后续水平轴线 1/A、B、C、D、E、F、G、H、1/H 的绘制，按 Esc 键退出轴网的绘制命令，如图 2-16 所示。

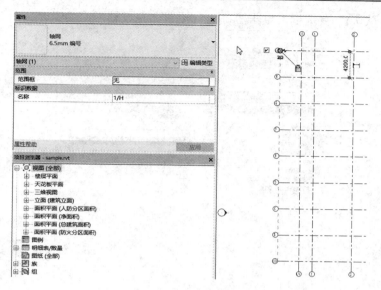

图 2-16　轴网绘制

（8）选中 1/01 轴线，将"标头位置调整"符号向上拖，则所有的垂直轴线的标头位置整体随之调整。如果将标头对齐锁打开，则可移动单根轴线标头位置。

三、其他事项

1. 编辑轴网

选中任一轴线，软件将自动打开轴网的属性面板，如图 2-17 所示。单击属性面板中的"编辑类型"按钮，弹出"类型属性"对话框，在对话框的"类型参数"选项组的"参数"栏中找到"轴线中段"项，其"值"栏中对应的选项为"无"。

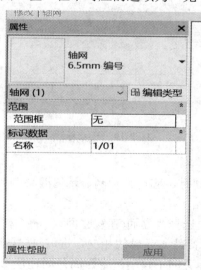

图 2-17　属性

单击"无"旁边的下拉按钮，在弹出的下拉菜单中选择"连续"，同时选中"平面视图轴号端点 1(默认)"复选框,单击"确定"按钮,完成轴网的编辑,如图 2-18 所示。

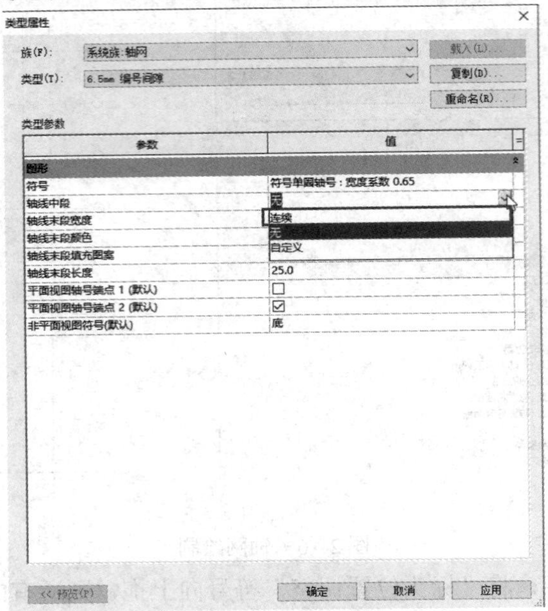

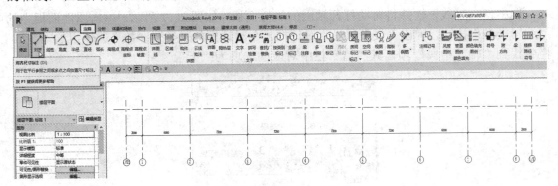

图 2-18　编辑类型

2. 尺寸标注

双击 F1 平面视图,在"注释"功能选项卡中选择"对齐"命令,依次选择所要标注的轴线,在空白处单击完成尺寸标注,如图 2-19 所示。

图 2-19　尺寸标注

3. 轴网显示修改

当不同楼层轴网显示不同时,应进行轴网显示修改。例如,1~4 号轴线只在 1~4 层轴网布置中可见,具体操作如下:

(1) 在"项目浏览器"中选择"立面(建筑立面)"→"南",在南立面中选中任一标高线,拖拽"空心圆点",使标高线与各轴线相交,选取 1 号轴线,打开标头对齐锁并拖拽"空心圆点",使 1 号轴线标头向下移动一定距离,同理使 2、3、4 号轴线标头向下移动与 1 号轴线标头对齐,将 1~4 号轴线标头整体向下移动到 F4 与 F5 之间,如图 2-20 所示。

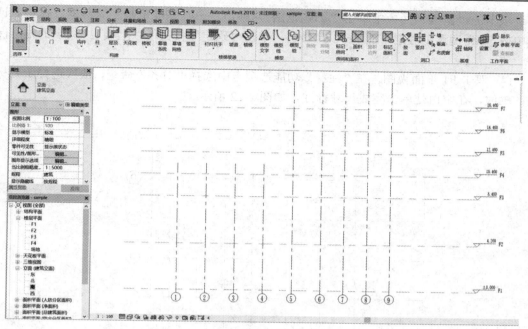

图 2-20　调整轴网

(2) 切换到"楼层平面"，打开 F5 楼层平面视图。单击选取 A 号轴线，将轴线左端的轴网 3D 状态单击改成 2D 状态。单击轴线端点的实心点，拖拽轴网标头至适当的位置，如图 2-21 所示。

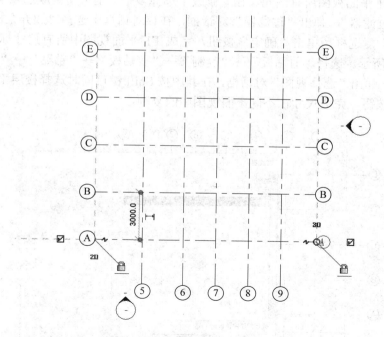

图 2-21　标头对齐

(3) 框选 F5 平面视图中的所有轴网(不含立面视图符号)，在"修改｜轴网"上下文关联选项卡的"基准"面板中单击"影响范围",弹出"影响基准范围"对话框。在该对话框中按 Shift 键选中楼层平面 F6 以上楼层,单击"确定"按钮使以上楼层与 F5 的轴网保持一致。

(4) 双击 F1 平面视图,在"注释"功能选项卡中选择"对齐"命令,依次选择所要标注的轴线,在空白处单击完成尺寸标注,如图 2-22 所示。

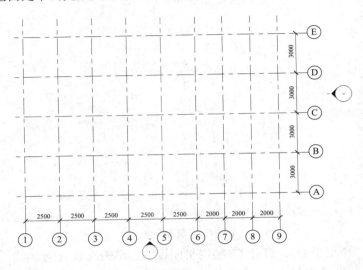

图 2-22   尺寸标注

(5) 框选 F1 平面视图所有图元,在"修改 | 选择多个"上下文关联选项卡的"选择"面板中选择"过滤器",弹出"过滤器"对话框,在该对话框中选择"放弃全部(N)"并选中"尺寸标注"复选框,单击"确定"按钮,完成 F1 平面视图中所有尺寸标注图元的选择,如图 2-23 所示。选择"剪贴板"→"复制"→"剪贴板"→"粘贴"→"与选定的视图对齐"命令,弹出"选择视图"对话框,在其中按 Shift 键可同时选择楼层平面 F2~F4,单击"确定"按钮,完成尺寸在不同平面视图中的复制。

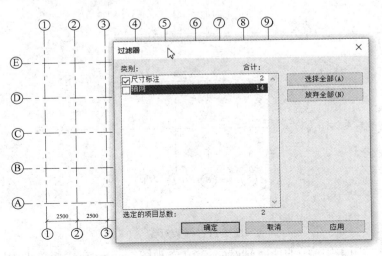

图 2-23   过滤器

技能训练习题

　　某建筑共 30 层(地下 2 层 + 地上 28 层),其中地下二层、地下一层标高分别为 -6.000 m、-3.000 m,首层标高为 ±0.000 m,首层层高为 6 m,第二层至第四层层高均为 4 m,五层以上层高均为 3.6 m,要求创建轴网,两侧轴号均显示,并对每层轴网进行尺寸标注。

　　其中,地下二层至五层轴网如图 2-24 所示,六层及以上轴网如图 2-25 所示。

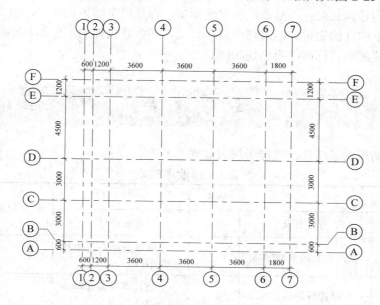

图 2-24　地下二层至五层轴网图

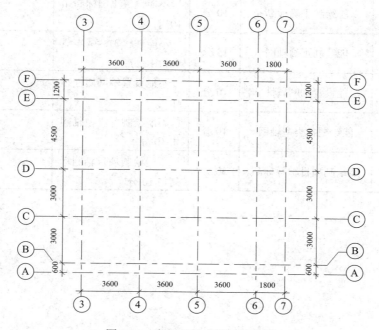

图 2-25　六层及以上楼层轴网图

项 目 小 结

在 Autodesk Revit 的设计过程中，首先需要确定的是标高和轴网。轴网与标高是建筑构件在立剖面和平面视图中定位的重要依据，标高的创建是项目建立最基本的内容，完成标高的建立可为建筑立面打下基础。在立面图中，标高决定墙体的高度，轴网的主要作用是帮助用户进行构件的定位。建筑物中窗户、门、阳台等构件的定位都与轴网、标高息息相关，一般建议先创建标高，再创建轴网。

技 能 考 核

根据完成情况给予考核，技能考核表如表 2-1 所示。

表 2-1　技能考核表

班级		姓名		扣分记录	得分
项目	考核要求	分值	评分细则		
标高	能说明为何绘制标高	15 分	不能理解标高基本概念扣 10 分		
标高设置	能设置标高线标头	10 分	不能设置标高线标头扣 10 分		
标高绘制	能绘制正确标高	10 分	不能设置正确标高扣 10 分		
轴网	能绘制正确轴网	15 分	不能理解轴网基本概念扣 10 分		
轴网设置	能设置轴网属性	10 分	不能设置轴网属性扣 10 分		
轴网绘制	能绘制各类型轴网	10 分	不能绘制各类型轴网扣 10 分		
项目轴网标高	能绘制项目轴网标高	30 分	不能绘制项目轴网标高扣 10 分		

实训项目三　柱与墙体的创建

　　柱与墙体是建筑中最重要的竖向支撑构件，对空间具有不可替代的分隔作用。墙体作为承重构件，把建筑上部的荷载传递给基础。在框架承重的建筑中，柱和梁形成框架承重结构系统，而墙仅是分隔空间的围护构件。在墙承重的建筑中，墙体既可以是承重构件，又可以是围护构件。墙作为围护构件又分为外墙和内墙，其性能应满足使用和围护的要求。

 ## 项目分析

　　Revit 2018 提供两种柱，即结构柱和建筑柱。建筑柱适用于墙垛、装饰等。在框架结构设计中，结构柱是用来支撑上部结构并将荷载传至基础的竖向构件，在平面视图中结构柱截面与墙截面各自独立。本章首先介绍结构柱的创建，在布置结构柱前需确认已创建的结构平面视图。

　　本项目需要完成以下任务：

　　(1) 柱创建案例。

　　(2) 墙体创建案例。

 ## 知识目标

　　了解楼柱和墙体的创建。

 ## 能力目标

　　(1) 掌握墙体的创建。

　　(2) 掌握柱的创建。

　　(3) 掌握柱和墙体参数的修改。

任务一　柱案例分析

任务目标

　　使用"柱"工具在项目中绘制各种形式的柱。

知识链接

柱是建筑物中垂直的主体结构构件，承托着上方物件的重量。作为主要的承力构件，柱的分类方式有：按截面形式可分为方柱、圆柱、管柱、矩形柱、工字形柱、H 形柱、T 形柱、L 形柱、十字形柱、双肢柱、格构柱；按所用材料可分为石柱、砖柱、砌块柱、木柱、钢柱、钢筋混凝土柱、劲性钢筋混凝土柱、钢管混凝土柱和各种组合柱。

一、建模命令调用

使用"柱"工具，可以在项目中添加各种样式的柱。一般常见的柱有建筑柱和结构柱。建筑柱适用于墙垛、装饰等。在框架结构设计中，结构柱是用来支撑上部结构并将荷载传至基础的竖向构件，在平面视图中结构柱截面与墙截面各自独立。在布置结构柱前需确认已创建结构平面视图，其基本指令顺序为：建筑→柱→建筑柱(或结构柱)。

二、柱实例操作

1. 结构柱

(1) 要创建结构柱，必须首先定义项目中需要的结构柱类型。单击"建筑"选项卡"构建"面板中的"柱"工具，选择"结构柱"，如图 3-1 所示。

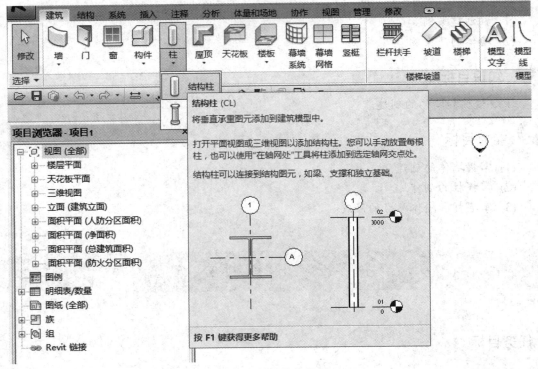

图 3-1　结构柱的绘制

(2) 确认"属性"面板中当前柱族名称为"钢管混凝土柱-矩形",如图 3-2 所示,单击"属性"面板中的"编辑类型"按钮,打开"类型属性"对话框。

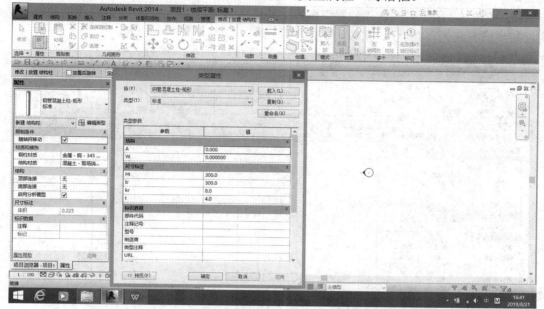

图 3-2　"类型属性"对话框

(3) 如图 3-3 所示,在"类型属性"对话框中单击"复制"按钮,在弹出的"名称"对话框中输入"500×500 mm"作为新类型名称,完成后单击"确定"按钮返回"类型属性"对话框。

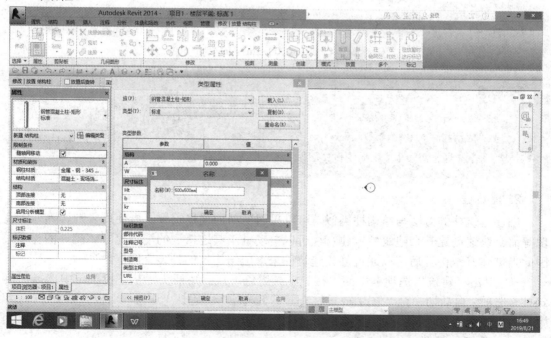

图 3-3　复制创建类型

(4) 修改结构柱类型参数的截面宽度和深度的"值"均为 500。完成后单击"确定"按钮退出"类型属性"对话框，完成设置。

(5) 如图 3-4 所示，确认"放置"面板中柱的生成方式为"垂直柱"；修改选项栏中结构柱的生成方式为"高度"，完成绘制。

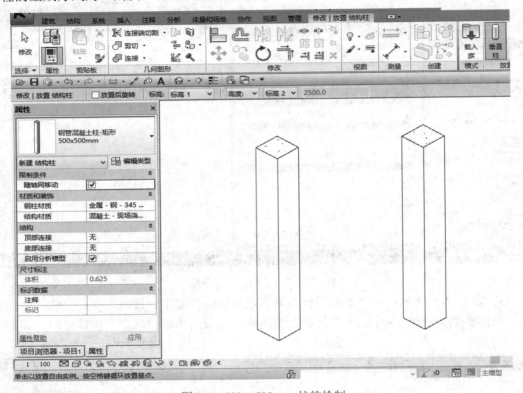

图 3-4　500×500 mm 柱的绘制

 提示

　　"高度"是指创建的结构柱将以当前视图所在标高为底，通过设置顶部标高的形式生成结构柱，所生成的结构柱在当前楼层平面标高之上；"深度"是指创建的结构柱以当前视图所在标高为顶，通过设置底部标高的形式生成结构柱，所生成的结构柱在当前楼层平面标高之下。

2. 建筑柱

创建建筑柱的方法与结构柱类似，可以采用手动放置建筑柱，再使用复制、阵列、镜像等命令快速创建其余建筑柱。建筑柱可以自动继承其连接到的墙体等主体构件的材质，因此当创建好结构柱后可以通过创建建筑柱来形成结构柱的外装饰图层。

(1) 单击"建筑"选项卡中的"柱"工具黑色下拉三角箭头，从下拉菜单中选择"建筑柱"选项，自动切换至"修改|放置柱"上下文选项卡，确认"属性"面板"类型选择器"中当前柱类型为"矩形柱：457×475 mm"，打开"类型属性"对话框，复制新建名称为"500×500 mm"新柱类型，如图 3-5 所示。

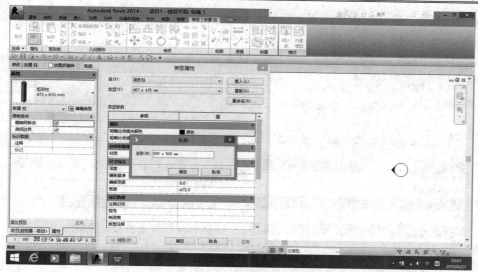

图 3-5　建筑柱的属性设置

(2) 分别修改并设置其"深度"和"宽度"参数的值为 520，完成后单击"确定"按钮，退出"类型属性"对话框。

建筑柱和结构柱均为可载入族。可以通过载入不同的族，生成不同形式的柱模型。要载入柱族，在使用柱工具时，单击"模型"面板的"载入族"工具将打开"载入族"对话框，浏览至 Revit 2018 的公制库(Metric Library)，然后从"柱"目录中选择需要的柱族文件，单击"打开"即可载入当前项目文件中使用，也可以通过"插入"选项卡"从库中载入"面板中的"载入族"工具将族预先载入项目中。

 技能训练习题

1. 依照图 3-6 所示绘制结构柱，尺寸为 500 mm × 500 mm。

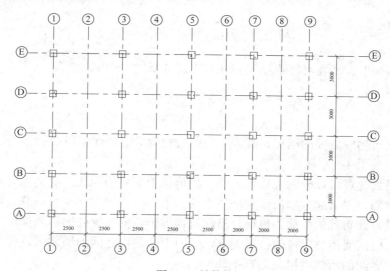

图 3-6　结构柱

2. 依照图 3-7 所示，设置建筑矩形柱，类型为"花岗石 –600×600 mm"，尺寸为"600 mm×600 mm"，材质为"花岗岩"(方形 – 灰阶色石料)。

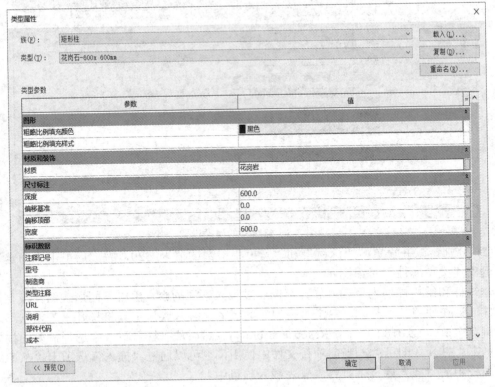

图 3-7　矩形柱

任务二　墙体案例分析

任务目标

使用"墙体"工具在项目中绘制各种形式的墙体。

知识链接

墙体是建筑物中重要的维护构件，主要起着空间分隔、保温隔热的作用。墙体分类形式较为多样，如图 3-8 所示。

墙体按所处位置可以分为外墙和内墙。外墙位于房屋的四周，故又称为外围护墙。内墙位于房屋内部，主要起分隔内部空间的作用。墙体按布置方向又可以分为纵墙和横墙。沿建筑物长轴方向布置的墙称为纵墙，沿建筑物短轴方向布置的墙称为横墙，外横墙俗称山墙。另外，根据墙体与门窗的位置关系，平面上窗洞口之间的墙体可以称为窗间墙，立面上下窗洞口之间的墙体可以称为窗下墙。

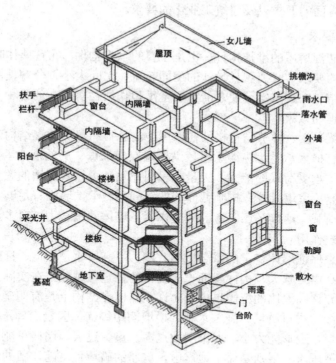

图 3-8 墙体示意

墙体按结构竖向的受力情况分为承重墙和非承重墙两种。承重墙直接承受楼板及屋顶传下来的荷载。在砖混结构中，非承重墙可以分为自承重墙和隔墙。自承重墙仅承受自身重量，并把自重传给基础；隔墙则把自重传给楼板层或附加的小梁。在框架结构中，非承重墙可以分为填充墙和幕墙。填充墙是位于框架梁柱之间的墙体；当墙体悬挂于框架梁柱的外侧起围护作用时则称为幕墙。幕墙的自重由其连接固定部位的梁柱承担。位于高层建筑外围的幕墙虽然不承受竖向的外部荷载，但受高空气流影响需承受以风力为主的水平荷载，并通过与梁柱的连接传递给框架系统。

墙体按构造方式可以分为实体墙、空体墙和组合墙三种。实体墙由单一材料组成，如普通砖墙、实心砌块墙、混凝土墙、钢筋混凝土墙等。空体墙也是由单一材料组成，既可以是由单一材料砌成内部空墙，如空斗砖墙，也可用具有孔洞的材料建造墙，如空心砌块墙、空心板材墙等。组合墙由两种以上材料组合而成，如钢筋混凝土和加气混凝土构成的复合板材墙，其中钢筋混凝土起承重作用，加气混凝土起保温隔热作用。

墙体按施工方法可分为块材墙、板筑墙及板材墙三种。块材墙是用砂浆等胶结材料将砖石块材等组砌而成的，如砖墙、石墙及各种砌块墙等。板筑墙是在现场立模板，现浇而成的墙体，如现浇混凝土墙等。板材墙是预先制成墙板，施工时安装而成的墙，如预制混凝土大板墙、各种轻质条板内隔墙等。

一、墙体的设计要求

墙体除应满足结构方面的要求外，其作为维护构件还应满足保温、隔热、隔声、防火、防水、防潮等功能方面的要求以及建筑工业化的要求。

1. 结构方面的要求

墙体既是多层砖混房屋的维护构件，也是主要的承重构件。布置墙体时必须同时考虑建筑和结构两方面的要求，既要满足设计的房间布置、空间大小划分等使用要求，又要选择合理的墙体承重结构布置方案，使之能够安全承担作用在房屋上的各种荷载，从而达到坚固耐久、经济合理的效果。

结构布置是指梁、板、柱等结构构件在房屋中的总体布局。砖混结构建筑墙体的承重结构布置方案通常有横墙承重、纵墙承重、纵横墙双向承重、局部框架承重等。

承载力是指墙体承受荷载的能力。大量的民用建筑，虽然其横墙的数量较多，空间刚度较大，但仍需验算承重墙或柱在控制截面处的承载力。承重墙应有足够的承载力来承受楼板及屋顶的竖向荷载。地震区还应考虑地震作用下墙体的承载力，对多层砖混房屋一般考虑水平方向的地震作用。

墙体的高厚比是保证墙体稳定的重要措施。墙、柱高厚比是指墙、柱的计算高度与墙厚的比值。墙体的高厚比越大，构件越细长，墙体的稳定性越差。在实际工程中，墙体的高厚比必须控制在允许高厚比的范围以内。允许高厚比在结构上是有明确规定的，它是在综合了砂浆强度等级、材料质量、施工水平、横墙间距等诸多因素后确定的。

砖墙是脆性材料，变形能力小，如果层数过多，重量过大，墙砖可能会破碎或发生错位，甚至整个砖墙被压垮。特别是对于地震区，房屋的破坏程度随层数的增多而加重，因而对房屋的高度及层数有一定的限制。

在墙体的设计要求中，除了必须考虑墙体的承重结构和承载力等因素外，还应该考虑墙体所在房屋的使用要求，从而确定墙体在功能方面的要求。

2. 功能方面的要求

(1) 保温与隔热要求。建筑在使用中因要满足热工环境舒适性的要求而耗能，从节能的角度出发，也为了降低建筑长期运营的费用，要求作为围护结构的外墙具有良好的热稳定性，使室内环境温度在外界环境气温变化的情况下保持相对的稳定，减少对空调和采暖设备的依赖。

(2) 隔声要求。为了使室内有安静的环境，保证人们的工作和生活不受到噪声的干扰，要求对建筑根据使用性质的不同而进行不同标准的噪声控制，如城市住宅的噪声标准为 42 dB，教室的噪声标准为 38 dB，剧场的噪声标准为 34 dB 等。墙体主要隔离由空气直接传播的噪声。空气声在墙体中的传播路径有两种：一是通过墙体的缝隙和微孔传播；二是墙体在声波作用下受到震动，声音通过墙体而传播。建筑内部的噪声(如说话声、家用电器声等)和室外的噪声(如汽车声、喧闹声等)从各个构件传入室内。

(3) 防火要求。墙体应选择燃烧性能和耐火极限均符合防火规范规定的材料。在较大型的建筑中应通过设置防火墙把建筑分为若干区段，以防止火灾蔓延。根据防火规范的规定，一、二级耐火等级建筑的防火墙的最大间距为 150 m，三级耐火等级建筑的防火墙的最大间距为 100 m，四级耐火等级建筑的防火墙的最大间距为 60 m。

(4) 防水防潮要求。卫生间、厨房、实验室等有水的房间的墙及地下室的墙应采取防水防潮措施，应选择良好的防水材料及恰当的构造做法，保证墙体坚固、耐久，使室内有良好的卫生环境。

3. 建筑工业化的要求

墙体工程在大量的民用建筑工程中占有相当的比重，因此建筑工业化的关键是墙体改革，必须改变手工生产及操作，提高机械化程度，提高工效，降低劳动强度，并采用轻质高强的墙体材料，以减轻自重，降低成本。

二、墙体的尺度

墙体的尺度是指厚度和墙段长两个方向的尺度。要确定墙体的尺度，除应满足结构和功能的要求外，还必须符合块材自身的规格尺寸。

1. 墙厚

墙厚主要由块材和灰缝的尺寸组合而成。以常用的实心砖规格(长 × 宽 × 厚)240 mm × 115 mm × 53 mm 为例，用砖的三个方向的尺寸作为墙厚的基数，当错缝或墙厚超过砖块尺寸时，均按灰缝为 10 mm 进行砌筑。从尺寸上不难看出，砖厚加灰缝、砖宽加灰缝与砖长形成了 1∶2∶4 的比例，组砌很灵活。当采用复合材料或带有空腔的保温隔热墙体时，墙厚的尺寸在块材尺寸基数的基础上根据构造层次计算即可。

2. 洞口尺寸

洞口尺寸主要是指门窗洞口的尺寸，其尺寸应按《建筑模数协调标准》(GB/T 50002—2013)确定，这样可以减少门窗规格，有利于工厂化生产，提高工业化的程度。一般情况下，1000 mm 以内的洞口尺寸采用基本模数 100 mm 的倍数，如 600 mm、700 mm、800 mm、900 mm、1000 mm；大于 1000 mm 的洞口尺寸采用扩大模数 300 mm 的倍数，如 1200 mm、1500 mm、1800 mm 等。

三、建模命令调用

Revit 中提供了墙工具，允许用户使用该工具创建不同形式的墙体。Revit 提供了建筑墙、结构墙和面墙三种不同的墙体创建方式。建筑墙主要用于创建建筑的隔墙，结构墙的用法与建筑墙完全相同，但使用结构墙工具创建的墙体可以在结构专业中为墙图元指定结构受力计算模型，并为墙配置钢筋，因此该工具可以用于创建剪力墙等墙图元。面墙则根据创建或导入的体量表面生成异形的墙体图元，在创建前需要根据墙体构造对墙的结构参数进行定义。墙的结构参数包括墙体的厚度、做法、材质、功能等。该项目的墙体可以分为两大类：一类是外墙，另一类是内墙。外墙又分为两类：一类是普通外墙，另一类是挡土墙。普通外墙的做法是从外到内依次为 20 mm 厚外墙装饰、200 mm 厚混凝土砌块、20 mm 厚内抹灰；挡土墙的做法从外到内是 300 mm 厚混凝土、20 mm 厚内抹灰；内墙的做法是从外到内依次是 20 mm 厚抹灰、200 mm 厚加气混凝土砌块、20 mm 厚内抹灰。接下来，通过实际操作学习如何定义墙体类型。

Revit 2018 提供了三种类型的墙族：基本墙、幕墙和叠层墙。所有的墙体类型都是通过这三种系统族建立不同的样式和参数来定义的。"编辑部件"对话框的"功能"列表提供了几种墙体功能，如图 3-9 所示。墙体功能可以用来定义墙结构中每一层在墙体中所起的作用。功能名称后面方括号中的数字，表示当墙与墙连接时墙各功能层之间连接的优先级别。方括号中的数字越大，表示该层的连接优先级越低。当墙互相连接时，系统会试图连接功能相同的墙功能层，但优先级为 1 的结构层将被最先连接，而优先级最低的"面层 2[5]"将被最后连接。合理设计墙功能层的连接优先级，对于正确表现墙的连接关系至关重要。在 Revit 墙体结构中，墙部件包括两个特殊的功能层：核心结构和核心边界，它们用于界定墙的核心结构与非核心结构。所谓核心结构是指墙存在的条件，核心边界之间的功能层是墙的核心结构，核心边界之外的功能层为非核心结构，如装饰层、保温层等辅助结构。以砖墙为例，砖结构层是墙的核心部分，而砖结构层之外的如抹灰、防水、保温等部分功能层依附于砖结构部分而存在，因此可以称之为非核心部分。功能为结构的功能层必须位于核心边界之间。核心结构可以包括一个或几个结构层或其他功能层，用于生成复杂结构的墙体。

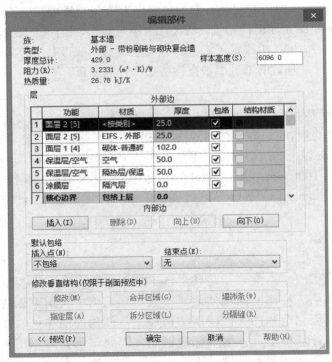

图 3-9　墙体功能

在 Revit 2018 中，核心边界以外的构造层都可以设置是否包络。所谓包络是指墙的非核心构造层在断开点处的处理方法。例如，在墙端点部分或在墙体中插入门、窗等洞口，可以分别控制墙在端点或插入点的包络方式。

1. 创建基本墙

1) 工具调用

单击"建筑"选项卡"构建"面板中的"墙"工具下拉列表，在列表中选择"墙：建筑"工具，进入墙绘制状态，自动切换至"修改—放置墙"上下文选项卡，如图 3-10 所示。

"墙：建筑"工具的默认快捷键为 WA。其中，"墙：饰条"和"墙：分隔缝"只有在三维视图下才能激活亮显，用于墙体绘制完后添加；"墙：建筑"用于在建筑模型中创建非结构墙；"墙：结构"用于在建筑模型中创建承重墙或剪力墙；"面墙"可以使用体量面或常规模型来创建墙。

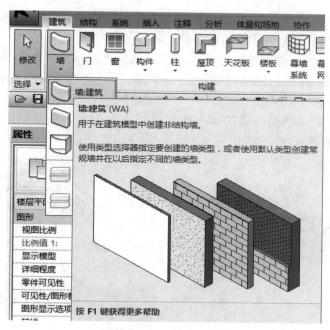

图 3-10 "墙：建筑"工具调用

2) 墙体的绘制

单击"墙：建筑"按钮后，在"绘制"面板中将出现墙体的绘制命令，如图 3-11 所示；属性选项板将由视图属性选项板变为墙属性选项板，选项栏变为墙体选项栏，如图 3-12 所示。

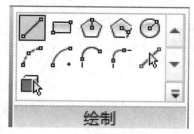
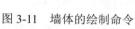

图 3-11 墙体的绘制命令

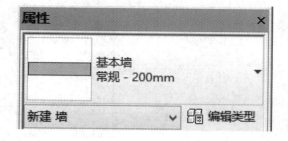

图 3-12 墙属性选项板

创建墙体需要先选择绘制方式，如直线、矩形、多边形、圆形、弧形等。如果有导入的二维".dwg"平面图作为底图，可以先单击"拾取线"按钮，用鼠标拾取".dwg"平面图中的墙线，自动生成 Revit 墙体。除此以外，还可利用"拾取面"按钮，通过拾取体量面或常规模型来创建墙。

3) 选项栏的参数设置

在完成绘制方式的选择后，要在墙体选项栏中设置有关墙体的参数。

(1)"高度"和"深度"分别指从当前视图向上、向下延伸墙体。

(2)"未连接"下拉列表框中列出了各个标高楼层。"4200.0"表示该墙体的底部到顶部的距离为 4200 mm。

(3)选中"链"复选框，表示可以连续绘制墙体。

(4)"偏移量"表示绘制墙体时，墙体距离捕捉点的距离。如图 3-13 所示，若偏移量设置为 300 mm，则绘制墙体时捕捉虚线(参照平面)，绘制的墙体中心线距离参照平面 300 mm。

(5)"半径"表示两面直墙的端点的连接处不是折线，而是根据设定的半径值(如 1000 mm)自动生成圆弧墙，如图 3-14 所示。

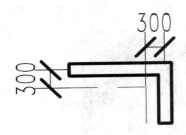

图 3-13　偏移量

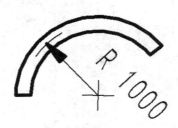

图 3-14　圆弧墙

4) 实例参数设置

如图 3-15 所示，该属性为墙的实例属性，主要设置墙体的定位线、高度、底部和顶部的约束与偏移等。有些参数为暗显，在更换为三维视图、选中构件、附着时或改为结构墙等情况下亮显。

图 3-15　墙的实例属性

（1）定位线。定位线共分为墙中心线、核心层中心线、面层面和核心面四种定位方式。

在 Revit 术语中，墙的核心层是指其主结构层。在简单的砖墙中，"墙中心线"与"核心层中心线"平面会重合，但在复合墙中可能会有不同的情况。当顺时针绘制墙时，其外部面(面层面：外部)在默认情况下位于外部。

提示

　　放置墙后，其定位线将永久存在，即使修改其类型的结构或修改为其他类型也是如此。修改现有墙的"定位线"属性的值会改变墙的位置。

图 3-16 所示为基本墙的结构构造。选择不同的定位线，从左向右绘制出的墙体与参照平面的相交方式是不同的，如图 3-17 所示。选中绘制好的墙体，单击"翻转控件"按钮可以调整墙体的方向。

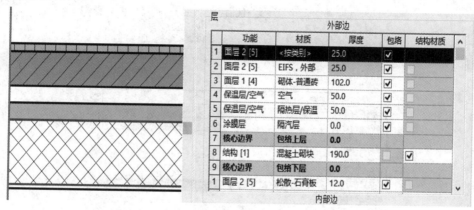

图 3-16　基本墙的结构构造

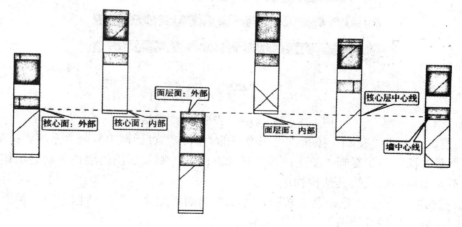

图 3-17　不同的定位线

提示

　　由于 Revit 中的墙体有内、外之分，因此绘制墙体时应选择顺时针绘制，保证外墙侧朝外。

（2）底部限制条件/顶部约束。底部限制条件/顶部约束表示墙体上下的约束范围。

（3）底/顶部偏移。在约束范围的条件下，可上下微调墙体的高度。如果同时偏移 100 mm，表示墙体高度不变，整体向上偏移 100 mm。+100 表示向上偏移 100 mm，−100 表示向下偏移 100 mm。

（4）无连接高度。无连接高度表示墙体顶部在不选择"顶部约束"时的高度。

（5）房间边界。在计算房间的面积、周长和体积时，Revit 2018 会自动使用房间边界，可以在平面视图和剖面视图中查看房间边界，墙被默认为房间边界。

（6）结构。结构表示该墙是否为结构墙。选中"结构"复选框，可进行后期受力分析。

5）类型参数设置

在绘制完一段墙体后，选择该面墙，单击墙属性选项卡中的"编辑类型"按钮，弹出"类型属性"对话框，如图 3-18 所示。

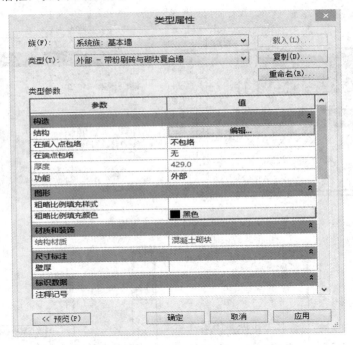

图 3-18　基本墙的"类型属性"对话框

（1）复制。单击"复制"按钮，可在弹出的"名称"对话框中复制"系统族：基本墙"下不同类型的墙体，如复制"新建：普通砖 200 mm"，则复制出的墙体为新的墙体。对于新建的不同墙体还需编辑其结构构造。

（2）重命名。单击"重命名"按钮，可在弹出的"重命名"对话框中对"类型"下拉列表框中的墙名称进行修改。

（3）结构。"结构"选项用于设置墙体的结构构造，单击"编辑"按钮，弹出"编辑部件"对话框，如图 3-19 所示。内/外部边表示墙的内、外两侧，可根据需要添加墙体的内部结构构造。其中，包络是指墙非核心构造层在断开点处的处理办法，仅是对编辑部件中选中了"包络"复选框的构造层进行包络，且只在墙开放的断开点处进行包络；"修改垂直结构(仅限于剖面预览中)"选项组主要用于复合墙、墙饰条与分隔缝的创建。

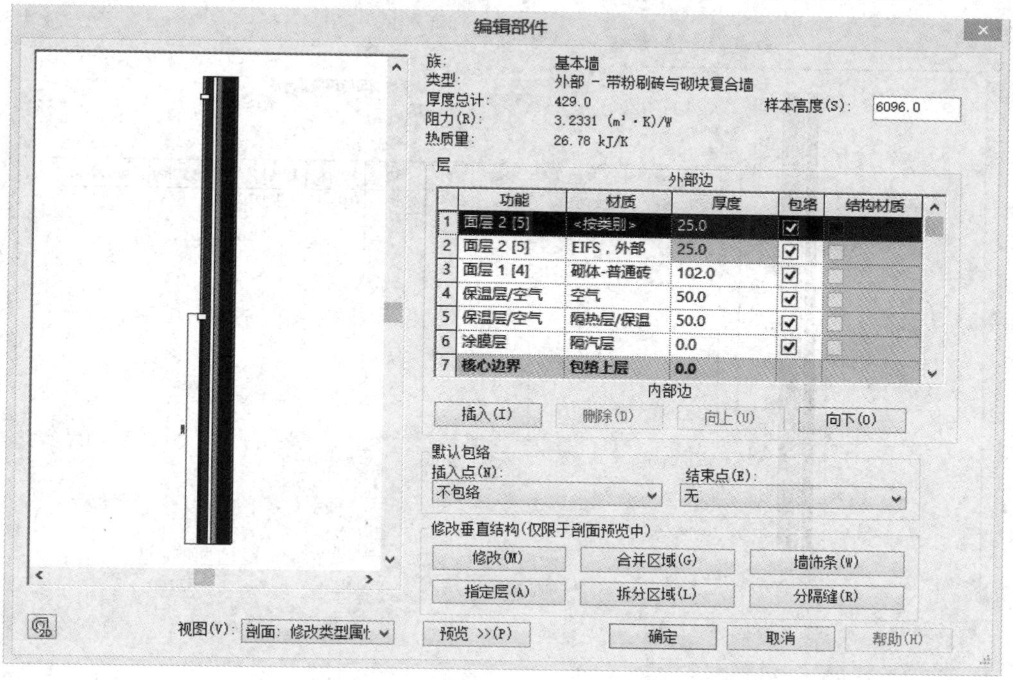

图 3-19 "编辑部件"对话框

创建复合墙的步骤：在"编辑部件"对话框中单击"插入"按钮添加一个面层，将其"厚度"改为 200.0 mm；单击"拆分区域"按钮拆分面层，将鼠标放置在面层上会有一条高亮显示的预览拆分线，设置好高度后单击；在"编辑部件"对话框中再次单击"插入"按钮新建面层，修改面层材质，单击该新建面层前面的数字，选中该面层；单击"指定层"按钮，在视图中单击拆分后的某一段面层，被选中的面层将显示为蓝色；单击"修改"按钮，新建的面层就被指定给了拆分后的某一段面层。

提示

拆分区域后选择拆分边界，拆分边界上会显示蓝色控制箭头，利用该控制箭头可以调整拆分线的高度。

"墙：饰条"主要用于绘制的墙体在某一高度处自带墙饰条。其具体操作步骤为：单击"墙：饰条"按钮，在弹出的"墙饰条"对话框(如图 3-20 所示)中单击"添加"按钮选择所需的轮廓，如果没有所需的轮廓，可通过单击"载入轮廓"按钮载入轮廓，然后设置墙饰条的参数，即可实现绘制出的墙体直接带有墙饰条。

分隔缝类似于墙饰条，只需添加分隔缝的族并编辑参数即可实现分隔缝的创建。

在 Revit 中，通过不同的墙类型来区别不同的墙功能构造。Revit 允许用户在创建完成墙图元后再次修改墙类型属性定义，以便于重新定义墙体的构造。建议用户在创建墙体前，根据墙图元的特性创建不同的墙类型，以方便墙体的创建。墙在 Revit 中属于系统族，所谓系统族是指通过 Revit 的系统提供的参数来定义生成不同的墙体类型和构造。

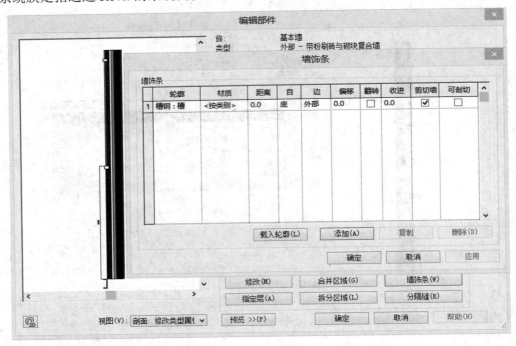

图 3-20 "墙饰条"对话框

2. 创建叠层墙

Revit 2018 中,墙系统族之一的叠层墙可以创建结构更为复杂的墙。例如,由上下两种不同厚度、不同材质的基本墙类型构成的叠层墙如图 3-21 所示。

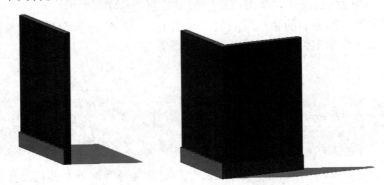

图 3-21 叠层墙

叠层墙是一种由若干个不同子墙(基本墙类型)相互堆叠在一起而组成的主墙,可以在不同的高度下定义不同的墙厚、复合层和材质。

由于叠层墙是由不同厚度或不同材质的基本墙组合而成的,所以在绘制叠层墙之前,首先要定义多个基本墙。要绘制叠层墙,先单击"墙:建筑"按钮,在"属性"选项板的类型选择器中选中叠层墙类型,编辑其类型,如图 3-22 所示。墙 1 和墙 2 均来自基本墙,没有的墙类型要在"基本墙"中新建墙体后,再添加到"叠层墙"中。

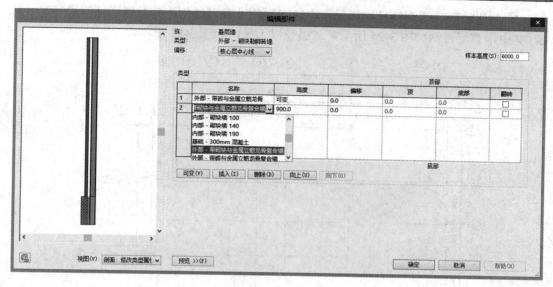

图 3-22　设置叠层墙类型

 技能训练习题

1. 依照图 3-23 所示绘制墙体，新建基本墙类型名：常规 −200 mm，砌体厚 200 mm，结构材质为混凝土砌块。

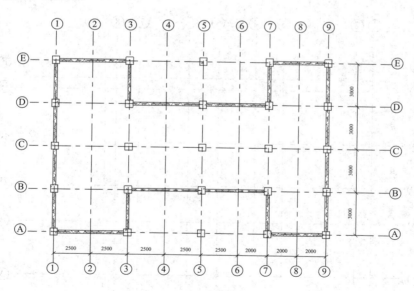

图 3-23　结构柱

2. 创建一个新项目(选择建筑模板)，以自己的姓名+班级为项目名称。

(1) 某建筑共三层，其中首层标高为 ±0.000 m，首层层高为 3.3 m，第二层至第三层层高均为 3.3 m，顶层层高均为 3.3 m，按要求创建标高，并为每个标高创建对应楼层平面视图。

(2) 创建轴网，两侧轴号均显示，将轴网颜色设置为红色，并对每层轴网进行尺寸标注。其中，首层轴网如图 3-24 所示，二层及以上轴网如图 3-25 所示。

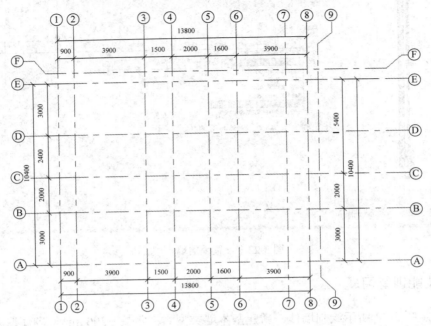

图 3-24　首层轴网

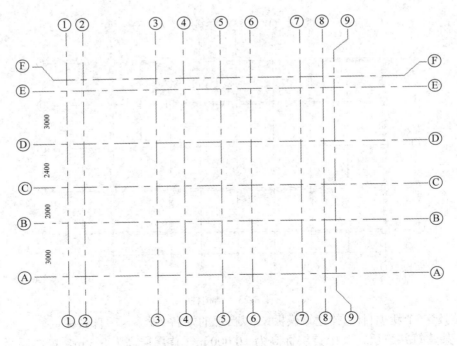

图 3-25　二层及以上轴网

(3) 扩展：将此标高、轴网等定制好的项目另存为项目样板文件，以 "Revit 考试+自己名字"为项目样板名称。

3. 创建一个新项目,以"Revit 考试 + 自己名字"为项目名称。打开前面创建好的项目,在此基础上进行墙体的绘制。

(1) 外墙均采用以下墙身结构的 200 厚墙体,复制并命名为"外墙 – 混凝土砌块 – 200 mm"(墙体材质简单赋予即可),如图 3-26 和图 3-27 所示。

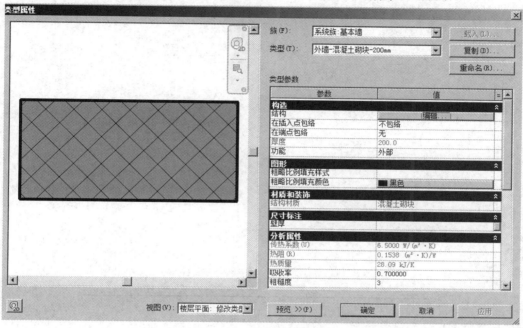

图 3-26　墙体属性设定(1)

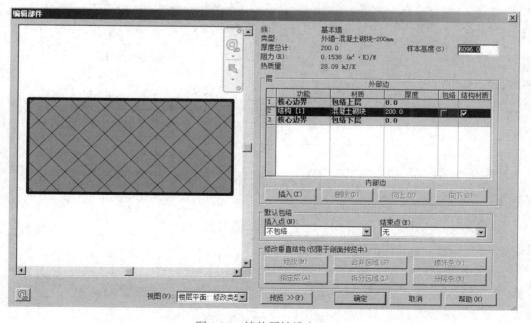

图 3-27　墙体属性设定(2)

(2) 内墙均采用 120 厚混凝土砌块墙,复制并命名为"内墙-混凝土砌块 – 120 mm",参数设置完成后开始绘制墙体,绘制时定位线统一采用"核心层中心线",如图 3-28 所示。外墙立面标高设置如图 3-29 所示,内墙立面标高设置如图 3-30 所示。

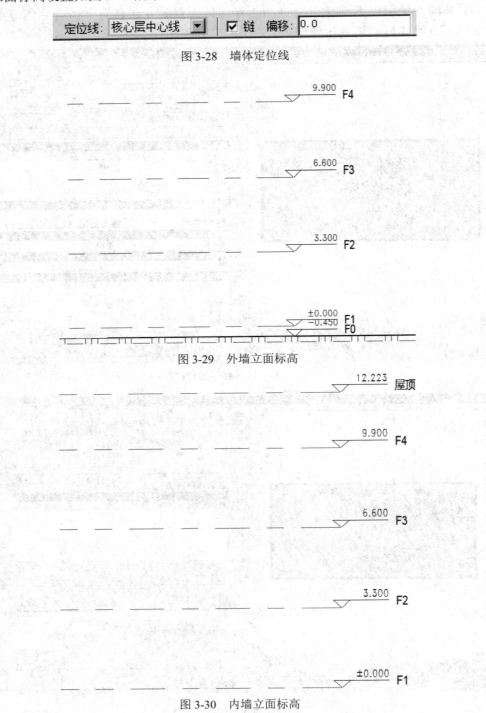

图 3-28　墙体定位线

图 3-29　外墙立面标高

图 3-30　内墙立面标高

平面完成图和立体完成图的最终效果如图 3-31 和图 3-32 所示。

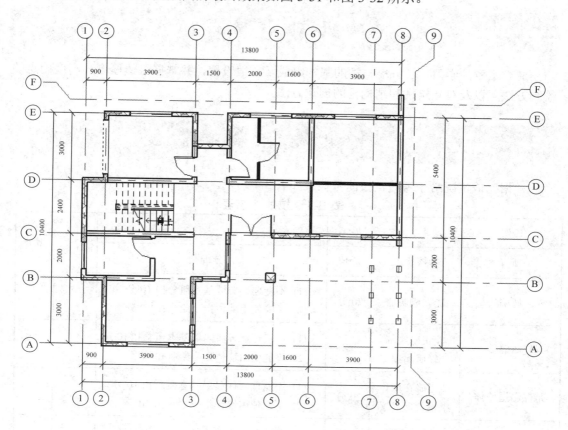

图 3-31 平面完成图

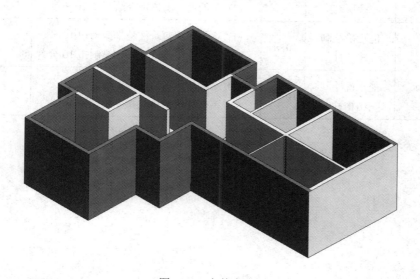

图 3-32 立体完成图

在此基础上，添加绘制楼板、门窗以及其他构件，完成一层模型的绘制。

项 目 小 结

通过本章的学习，了解墙与柱的基本组成及参数设置，并掌握墙体厚度和高度确定的绘制方法，以及对建筑柱和结构柱的创建方法。

技 能 考 核

根据完成情况给予考核，技能考核表如表 3-1 所示。

表 3-1　技能考核表

班级			姓名		扣分记录	得分
项目	考核要求	分值	评分细则			
砖墙	能完成砖墙	20 分	(1) 不能理解砖墙基本概念扣 10 分 (2) 不能使用墙体指令绘制扣 10 分			
轻质隔墙	能正确绘制轻质隔墙	20 分	(1) 不能理解轻质隔墙基本概念扣 10 分 (2) 不能使用墙体指令绘制扣 10 分			
带保温层墙体	能正确在墙体中设置保温层	20 分	(1) 不能理解保温层基本概念扣 10 分 (2) 不能使用墙体指令绘制扣 10 分			
叠层墙	能正确绘制叠层墙	20 分	(1) 不能理解叠层墙基本概念扣 10 分 (2) 不能使用墙体指令绘制扣 10 分			
建筑柱	能正确绘制建筑柱	10 分	(1) 不能理解建筑柱基本概念扣 10 分 (2) 不能使用建筑柱指令绘制扣 10 分			
结构柱	能正确绘制结构柱	10 分	(1) 不能理解结构柱基本概念扣 10 分 (2) 不能使用结构柱指令绘制扣 10 分			

实训项目四　门和窗的创建

门是基于主体的构件，可以添加到任何类型的墙内。可以在平面视图、剖面视图、立面视图或三维视图中添加门。选择要添加的门类型，然后指定门在墙上的位置，Revit 将自动剪切洞口并放置门。

 项目分析

Revit 提供了创建门窗构件的方法，门窗的创建可以通过编辑类型来定义门窗的材质、尺寸、厚度、窗台高度、嵌入程度等信息。

本项目需要完成以下任务：

(1) 门创建案例。

(2) 窗创建案例。

 知识目标

了解门和窗的创建。

 能力目标

(1) 掌握门创建。

(2) 掌握窗创建。

任务　门案例分析

任务目标

使用"门"工具在项目中添加各种形式的门。

知识链接

门和窗是建筑物的重要组成部分。门在建筑物中主要起交通联系及采光、通风的作用；窗在建筑物中主要起采光及通风的作用。它们均属于建筑的围护构件。同时，门窗的形状、尺度、排列组合以及材料对建筑的整体造型和立面效果影响很大。在构造上，门窗还具有一定的保温、隔声、防雨、防火、防风沙等功能。在实际工程中，门窗的制作生产已具有标准化、规格化和商品化的特点。

门按照开启方式，可以分为平开门、弹簧门、推拉门、折叠门、卷帘门和转门等；按照主要制作材料，可以分为木门、钢门、铝合金门、塑钢门、塑料门、玻璃钢门等；按照形式和制造工艺，可以分为镶板门、夹板门等；还有一些特殊需要的门，如防火门、隔声门、保温门、防盗门等。

窗按照开启方式不同，可以分为平开窗、悬窗、立转窗、推拉窗、固定窗等。

一、建模命令调用

使用"门"工具，可以在项目中添加各种样式的门，基本指令顺序为："建筑"→"门"→"选择构件"→"完成"(确定或取消)，如图 4-1 和图 4-2 所示。

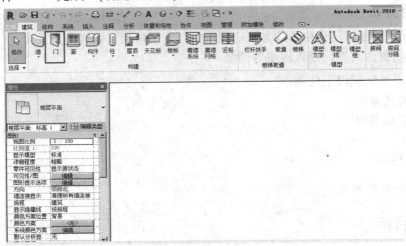

图 4-1　门命令调用

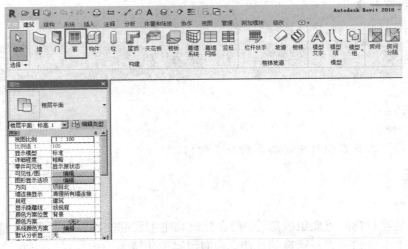

图 4-2　窗命令调用

二、门实例操作

(1) 打开一个平面、剖面、立面或三维视图，如图 4-3 所示。

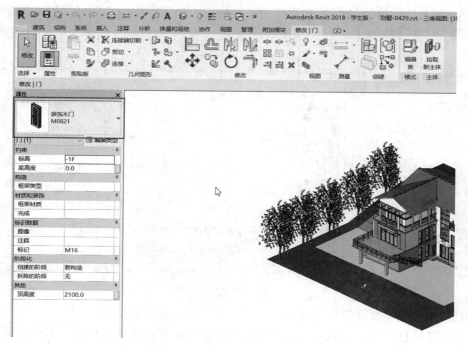

图 4-3　门实例操作

(2) 单击"建筑"选项卡"构件"面板门，如图 4-4 所示。

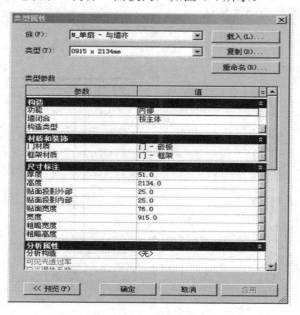

图 4-4　门类型属性修改

(3) 如果要放置的门类型与"类型选择器"中显示的门类型不同，可从下拉列表中选择其他类型。(注：要从 Revit 内建族库中载入其他门的类型，单击"放置门"选项卡"模式"面板"载入族"，定位到"门"文件夹，然后打开所需的族文件，如图 4-5 所示。)

图 4-5　载入族

(4) 如果希望在放置门时自动对门进行标记，则单击"修改"。

(5) 将光标移到墙上以显示门的预览图像。在平面视图中放置门时，按空格键可将开门方向从左开翻转为右开。要翻转门面(使其向内开或向外开)，如图 4-6 所示，将光标移到靠近内墙边缘或外墙边缘的位置。默认情况下，临时尺寸标注指示从门中心线到最近垂直墙的中心线的距离，如图 4-7 所示。

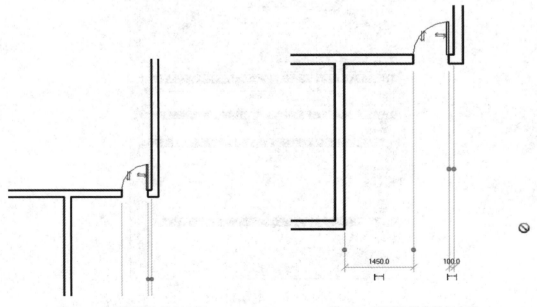

图 4-6　立面视图中的门布局　　　　　　　图 4-7　平面视图中的门布局

三、窗实例操作

窗是基于主体的构件,可以添加到任何类型的墙内(对于天窗,可以添加到内建屋顶),可以在平面视图、剖面视图、立面视图或三维视图中添加窗。选择要添加的窗类型,然后指定窗在主体图元上的位置,Revit 将自动剪切洞口并放置窗,如图 4-8 和图 4-9 所示。

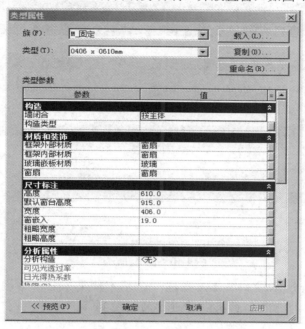

图 4-8　窗类型属性修改

图 4-9　三维视图中的窗布局

 技能训练习题

1. 使用内建族推拉窗制作 TSC1518,如图 4-10 所示。

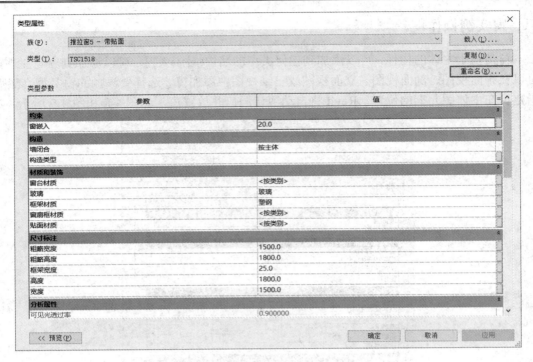

图 4-10　窗属性设定

2. 依照图 4-11 所示绘制墙体，新建一个基本墙类型名：常规 -200 mm，砌体厚 200 mm，结构材质为混凝土砌块，并进行门窗绘制。

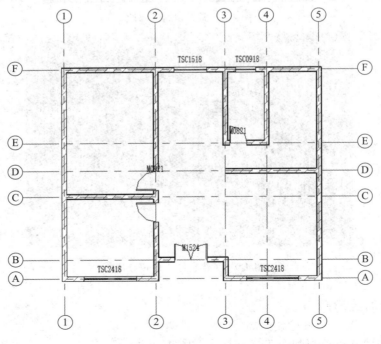

图 4-11　门窗绘制

项 目 小 结

通过本章的学习，了解门窗的基本类型和参数设置，并掌握门窗构件的创建及绘制方法。

技 能 考 核

根据完成情况给予考核，技能考核表如表 4-1 所示。

表 4-1　技能考核表

班级		姓名			扣分记录	得分
项目	考核要求	分值	评分细则			
门	能完成普通门的参数设置和绘制	30 分	(1) 不能理解门基本概念扣 10 分 (2) 不能使用门指令绘制扣 20 分			
异型门	能完成异型门的参数设置和绘制	20 分	(1) 不能理解异型门基本概念扣 10 分 (2) 不能使用异型门指令绘制扣 10 分			
窗	能完成普通窗的参数设置和绘制	30 分	(1) 不能理解窗基本概念扣 10 分 (2) 不能使用窗指令绘制扣 20 分			
异型窗	能完成异型窗的参数设置和绘制	20 分	(1) 不能理解异型窗基本概念扣 10 分 (2) 不能使用异型窗指令绘制扣 10 分			

实训项目五　楼板、天花板和屋顶的创建

楼板是建筑结构中重要的结构构件，主要用于分隔建筑各层空间。楼板分为建筑板、结构板、面楼板和楼板边缘。建筑板和结构板的用法没有任何区别，仅在功能上有区别。建筑板不涉及结构分析。屋顶是房屋或构筑物外部的顶盖，是建筑的主要组成部分。

 项目分析

Revit 2018 中，楼板和天花板的创建方式相同，主要有"直线"和"拾取墙"两种方式。Revit 2018 提供了多种屋顶建模工具，如迹线屋顶、拉伸屋顶和面屋顶，可以在项目中建立生成任意形式的屋顶。对于一些特殊造型的屋顶，还可以通过内建模型的工具来创建。与墙类似，屋顶和天花板都属于系统族，可以根据草图轮廓及类型属性中定义的结构生成。

本项目需要完成以下任务：

(1) 楼板创建案例。

(2) 天花板创建案例。

(3) 屋顶创建案例。

 知识目标

了解楼板、天花板和屋顶的创建。

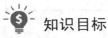 能力目标

(1) 掌握楼板的创建。

(2) 掌握天花板的创建。

(3) 掌握屋顶的创建。

任务一　楼板案例分析

任务目标

使用"直线"方式，绘制任意形状的楼板；使用"拾取墙"方式，根据已绘制好的墙体快速生成楼板。

楼板一般是指预制场加工生产的一种混凝土预制件或者现场浇筑的钢筋混凝土板式结构。作为楼板层中的承重部分，它将房屋垂直方向分隔为若干层，并把人和家具等竖向荷载及楼板自重通过墙体、梁或柱传给基础。按其所用的材料可分为木楼板、砖拱楼板、钢筋混凝土楼板和钢衬板等几种形式。

钢筋混凝土楼板采用混凝土与钢筋共同制作。这种楼板坚固、耐久、刚度大、强度高、防火性能好，当前应用比较普遍。按施工方法，它可以分为现浇钢筋混凝土楼板和装配式钢筋混凝土楼板两大类。现浇钢筋混凝土楼板一般为实心板，现浇楼板还经常与梁同时浇筑，形成现浇梁板。现浇梁板常见的类型有肋形楼板、井字梁楼板和无梁楼板等。

现浇钢筋混凝土楼板整体性、耐久性、抗震性好，刚度大，能适应各种形状的建筑平面，设备留洞或设置预埋件都较方便，但模板消耗量大、施工周期长。它可直接搁置在墙、梁和柱上，板厚度一般为80～120 mm。

一、建模命令调用

切换至"建筑"主选项卡，单击"构建"子选项卡中的"楼板"按钮，在弹出的下拉列表中单击"楼板：建筑"按钮，在激活的"修改 | 创建楼层边界"选项卡的"绘制"面板(如图5-1所示)中可以选择楼板的绘制方式。

图5-1　楼板绘制

二、楼板实例操作

(1) 在画好墙体的基础之上画楼板，如图5-2所示。

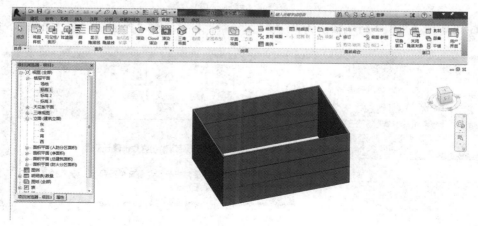

图5-2　绘制板(1)

(2) 双击"标高1"回到平面图，然后单击"楼板"选项，如图 5-3 所示。

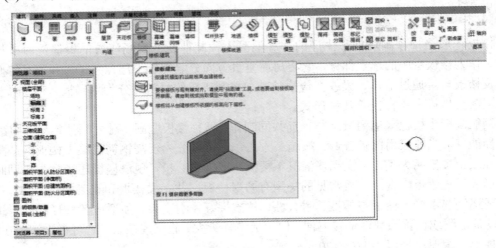

图 5-3　绘制板(2)

(3) 单击建筑选项楼板中的"楼板：建筑"命令，如图 5-4 所示。

图 5-4　绘制板(3)

(4) "楼板：建筑"命令默认为"边界线"，将鼠标移动到"拾取线"上，如图 5-5 所示。

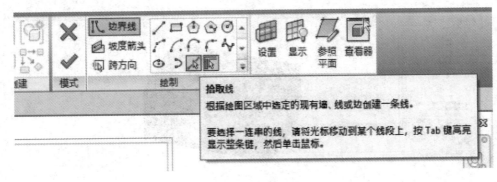

图 5-5　绘制板(4)

(5) 单击"拾取线"，可以选择拾取内边线和外边线，图 5-6 所示是拾取外边线。

图 5-6　绘制板(5)

提示

不可以既拾取外边线又拾取内边线，如图 5-7 所示。

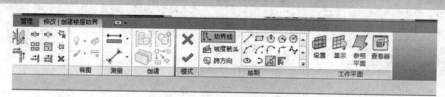

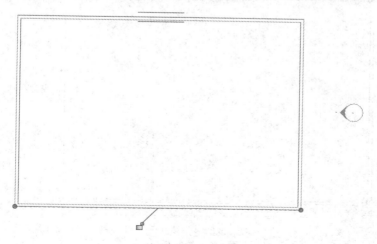

图 5-7　绘制板(6)

如果选错，可按照以下步骤进行修改：

(1) 找到"删除"选项，如图 5-8 所示。

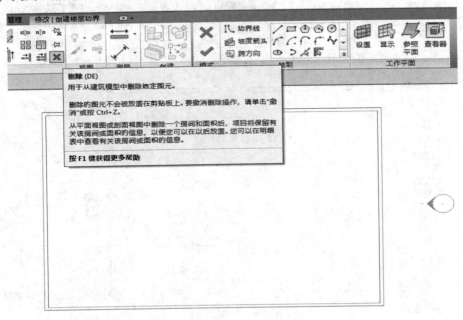

图 5-8　绘制板(7)

(2) 选择要删除的内边线，如图 5-9 所示。

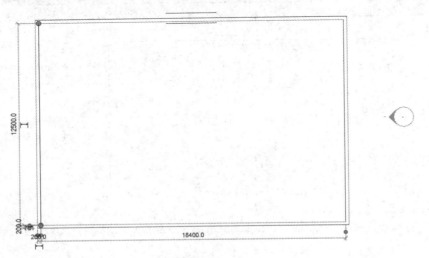

图 5-9　绘制板(8)

(3) 选择内边线，单击"删除"命令，即可删除内边线，如图 5-10 所示。

图 5-10　绘制板(9)

(4) 将楼板外边线补上，再单击 ，如图 5-11 所示。

图 5-11　绘制板(10)

(5) 完成板绘制，如图 5-12 所示。

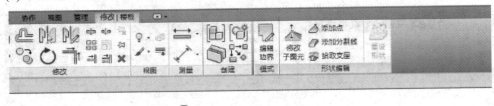

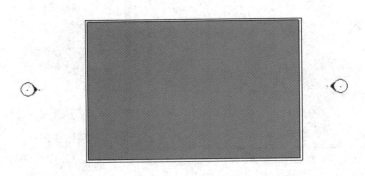

图 5-12　绘制板(11)

(6) 单击快速访问工具栏中的默认三维视图选项 ，观看"三维视图"，如图 5-13 所示。

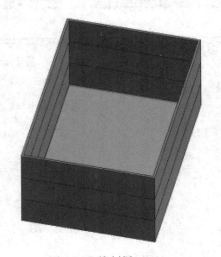

图 5-13　绘制板(12)

(7) 生成"标高 1"的楼板,"标高 2""标高 3""标高 4"以此类推,也可以用复制、粘贴功能。最后生成如图 5-14 所示的绘制板。

图 5-14　绘制板(13)

(8) 选中"标高 1"的楼板,如图 5-15 所示。

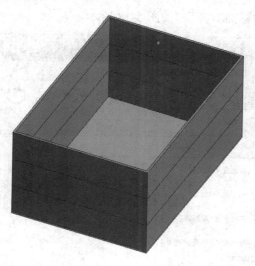

图 5-15　绘制板(14)

(9) 单击"复制",如图 5-16 所示。

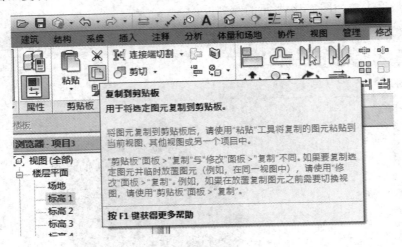

图 5-16　绘制板(15)

(10) 单击"粘贴",如图 5-17 所示。

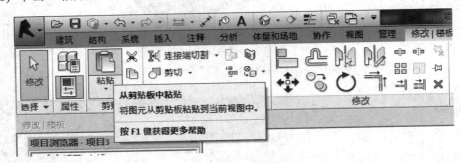

图 5-17　绘制板(16)

(11) 单击"与选定的标高对齐",如图 5-18 所示。

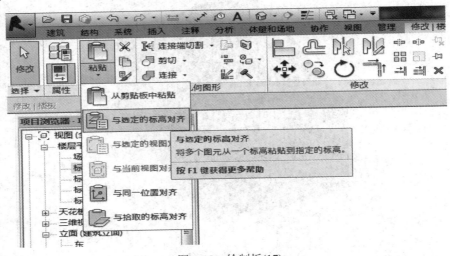

图 5-18　绘制板(17)

(12) 选择标高，如图 5-19 所示。

图 5-19　绘制板(18)

(13) 按住"Ctrl"键的同时单击"标高 2""标高 3"和"标高 4"，然后单击"确定"，如图 5-20 和图 5-21 所示。

图 5-20　绘制板(19)

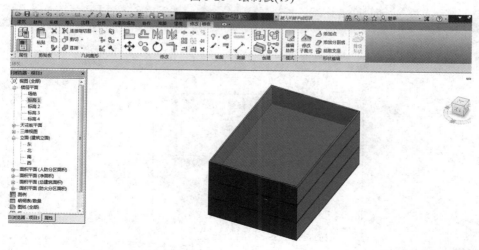

图 5-21　绘制板(20)

技能训练习题

　　根据图 5-22 给定的尺寸及详图大样新建楼板，顶部所在标高为 ±0.000，命名为"卫生间楼板"，构造层保持不变，水泥砂浆层进行放坡，并创建洞口。

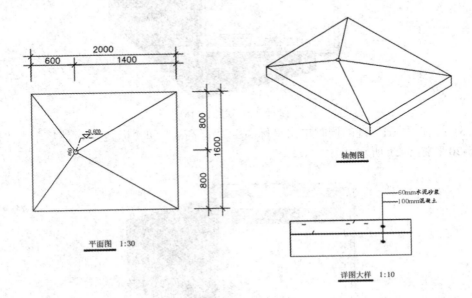

图 5-22　项目楼板

（1）新建建筑样板，按照图示尺寸建立一块楼板，并设置比例，如图 5-23 所示。

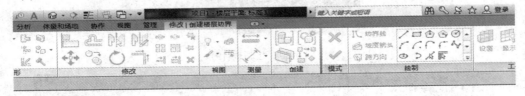

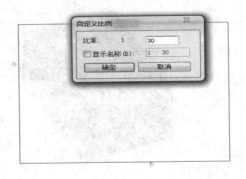

图 5-23　比例设置

(2) 利用"圆形"工具绘制地漏，如图5-24和图5-25所示。

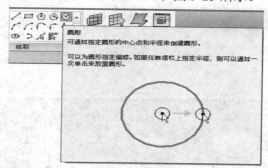

图5-24　地漏绘制(1)

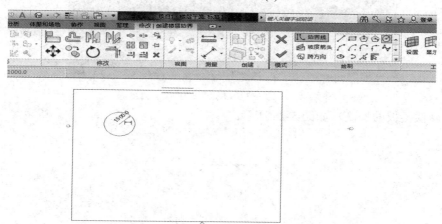

图5-25　地漏绘制(2)

(3) 完成地漏绘制后于修改菜单中单击 ✔，如图5-26所示。

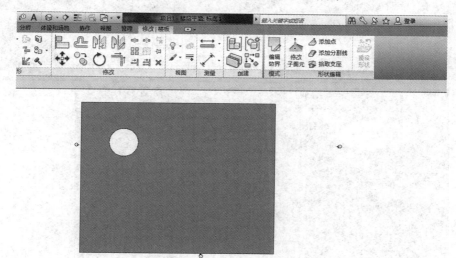

图5-26　地漏绘制(3)

(4) 绘制三维视图，如图 5-27 所示。

图 5-27　地漏绘制(4)

(5) 降低楼板的标高，如图 5-28 所示。

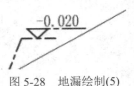

图 5-28　地漏绘制(5)

降低楼板标高的具体操作步骤如下：

① 选中楼板，如图 5-29 所示。

图 5-29　地漏绘制(6)

② 单击"修改子图元",如图 5-30 所示。

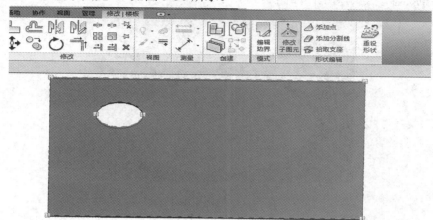

图 5-30　地漏绘制(7)

③ 单击"洞口",把 0 改为-200,如图 5-31 和图 5-32 所示。

 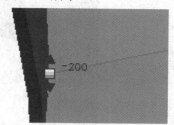

图 5-31　地漏绘制(8)　　　　　　　图 5-32　地漏绘制(9)

④ 把另外一边的 0 改为-200,如图 5-33 所示。两边都改好后,如图 5-34 所示。

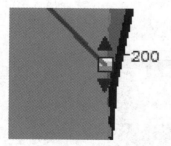 

图 5-33　地漏绘制(10)　　　　　　　图 5-34　地漏绘制(11)

⑤ 标注标高,单击"注释"→"高程点",如图 5-35 所示。

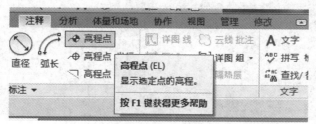

图 5-35　地漏绘制(12)

⑥ 将鼠标移动至地漏上，如图 5-36 所示。

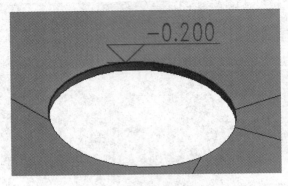

图 5-36　地漏绘制(13)

⑦ 双击鼠标，并左右移动鼠标，至合适位置单击鼠标，如图 5-36 所示。

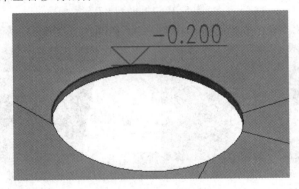

图 5-37　地漏绘制(14)

(6) 编辑楼板，具体操作步骤如下：

① 选中楼板，如图 5-38 所示。

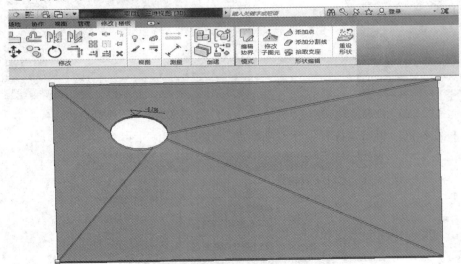

图 5-38　地漏绘制(15)

② 单击"属性",如图 5-39 所示。

图 5-39 地漏绘制(16)

③ 单击"编辑类型",如图 5-40 所示。

图 5-40 地漏绘制(17)

④ 单击"编辑",如图 5-41 所示。

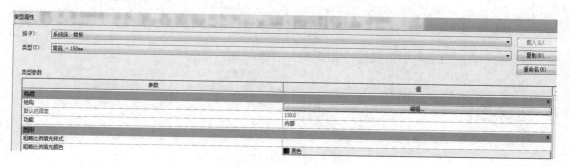

图 5-41 地漏绘制(18)

⑤ 进入编辑界面,如图 5-42 所示。

	功能	材质	厚度	包络	结构材质	可变
1	核心边界	包络上层	0.0			
2	结构 [1]	<按类别>	150.0		✓	
3	核心边界	包络下层	0.0			

图 5-42 地漏绘制(19)

(7) 赋予楼板材质,具体操作步骤如下:

① 在编辑界面,用鼠标单击"2",如图 5-43 所示。

	功能	材质	厚度	包络	结构材质	可变
1	核心边界	包络上层	0.0			
2	结构 [1]	<按类别>	160.0		✓	
3	核心边界	包络下层	0.0			

图 5-43 地漏绘制(20)

② 单击"插入"，如图 5-44 所示。

	功能	材质	厚度	包络	结构材质	可变
			0.0			
1	核心边界	包络上层				
2	结构 [1]	<按类别>	0.0	□	☑	□
3	结构 [1]	<按类别>	160.0	□		□
4	核心边界	包络下层	0.0			

〔插入 (I)〕 〔删除 (D)〕 〔向上 (U)〕 〔向下 (O)〕

图 5-44　地漏绘制(21)

③ 根据项目楼板图说，把厚度分别改为"60""100"，如图 5-45 所示。

	功能	材质	厚度
1	核心边界	包络上层	0.0
2	结构 [1]	<按类别>	60.0
3	结构 [1]	<按类别>	100.0
4	核心边界	包络下层	0.0

图 5-45　地漏绘制(22)

④ 单击"按类别"后的按钮，如图 5-46 所示。

层

	功能	材质	厚度
1	核心边界	包络上层	0.0
2	结构 [1]	<按类别>	60.0
3	结构 [1]	<按类别>	100.0
4	核心边界	包络下层	0.0

图 5-46　地漏绘制(23)

⑤ 进入材质浏览器，如图 5-47 所示。

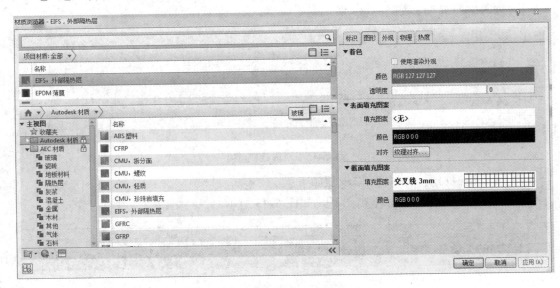

图 5-47　地漏绘制(24)

⑥ 输入"水泥砂浆",如图 5-48 所示。

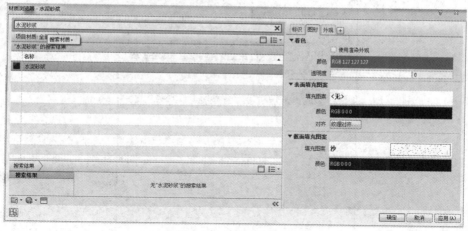

图 5-48 地漏绘制(25)

⑦ 单击"确定"选择默认,也可以修改标识、图形、外观,如图 5-49 所示。单击"确定"后,界面如图 5-50 所示。

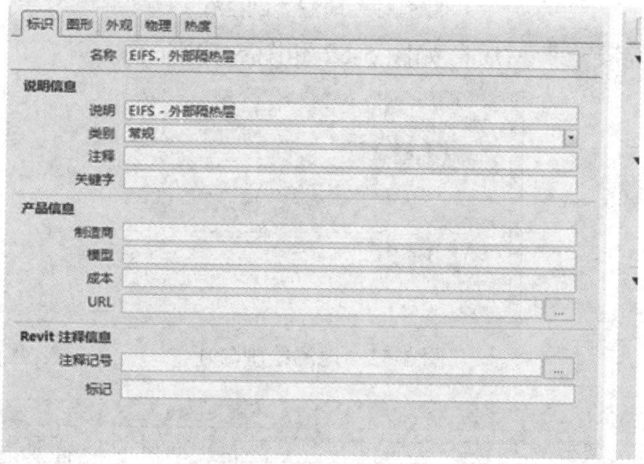

图 5-49 地漏绘制(26)

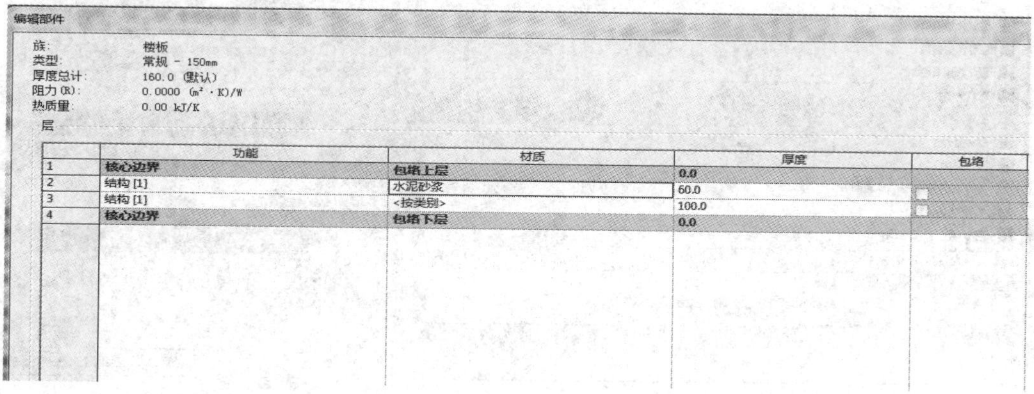

	功能	材质	厚度	包络
1	核心边界	包络上层	0.0	
2	结构 [1]	水泥砂浆	60.0	
3	结构 [1]	<按类别>	100.0	
4	核心边界	包络下层	0.0	

图 5-50 地漏绘制(27)

⑧ 在材质浏览器中搜索"混凝土"材质,如图 5-51 所示。

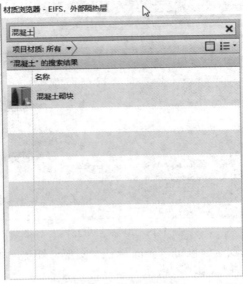

图 5-51 地漏绘制(28)

⑨ 单击"新建混凝土"材质,如图 5-52 和图 5-53 所示。

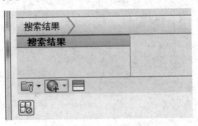

图 5-52 地漏绘制(29)

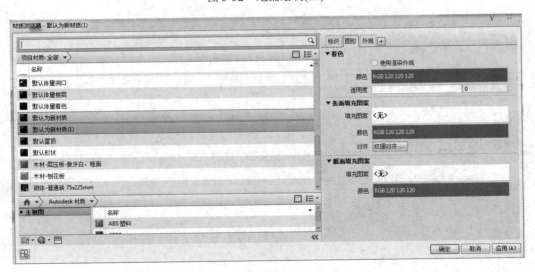

图 5-53 地漏绘制(30)

⑩ 把"默认为新材质(1)"重命名为"混凝土"。为了和水泥砂浆区别，单击"颜色"并改为"黄色"，如图5-54所示。

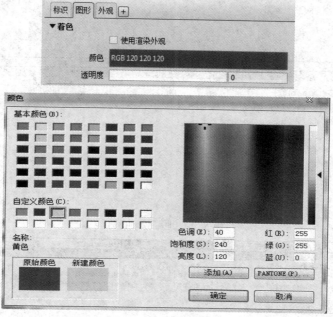

图5-54　地漏绘制(31)

⑪ 单击"确定"，如图5-55所示。

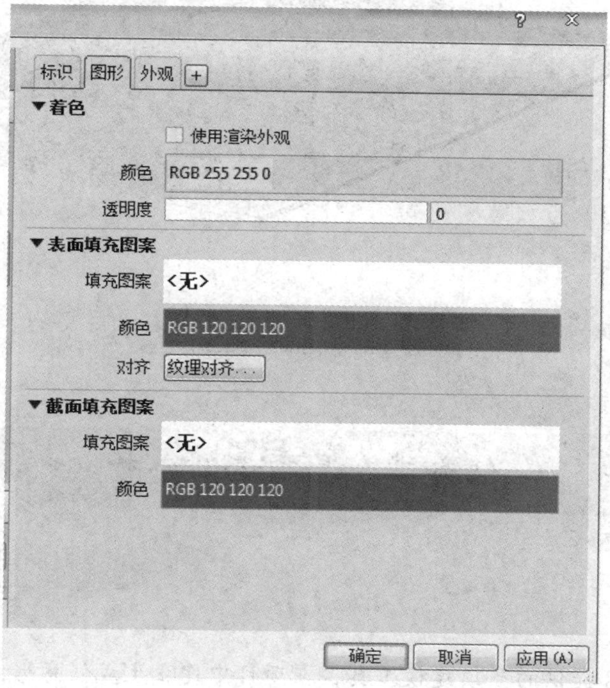

图5-55　地漏绘制(32)

⑫ 完成相关设置后单击"确定"，完成材质赋予，如图 5-56 和图 5-57 所示。

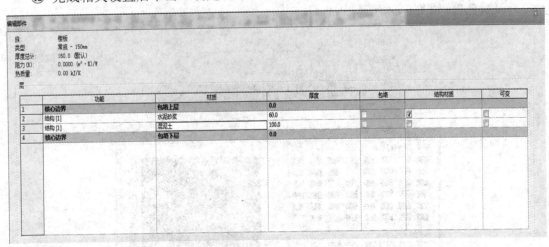

图 5-56　地漏绘制(33)

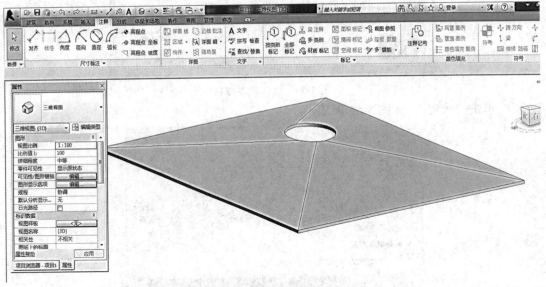

图 5-57　地漏绘制(34)

任务二　屋顶案例分析

任务目标

使用 Revit 2018 提供的屋顶建模工具，在项目中建立生成任意形式的屋顶，如迹线屋顶、拉伸屋顶和面屋顶。

┌─────────────┐
│ **知识链接** │
└─────────────┘

　　屋顶的主要功能是承重、围护和美观，主要由屋面层、承重结构、保温或隔热层和顶棚四部分组成。根据排水坡度的不同，常见的屋顶形式有平屋顶和坡屋顶两大类。

一、建模命令调用

　　打开"建筑"主选项卡，单击"构建"子选项卡中的"屋顶"按钮，在弹出的下拉列表中选择创建的屋顶类型。

二、屋顶实例操作

1. 面屋顶

　　单击"建筑"面板中的"屋顶"下拉按钮，在弹出的下拉列表中选择"面屋顶"选项，进入"修改｜放置面屋顶"选项卡，拾取体量图元或常规模型族的面生成屋顶。

　　选择需要放置的体量面，可在"属性"中设置其屋顶的相应属性，在类型选择器中直接设置屋顶类型，最后单击"创建屋顶"命令完成面屋顶的创建。如需其他操作则单击"修改"按钮后恢复正常状态，如图 5-58 所示。

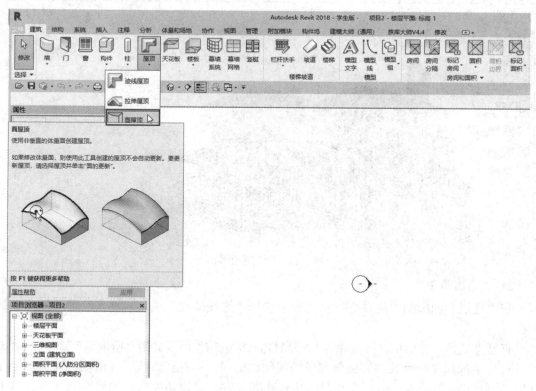

图 5-58　创建面屋顶

2. 迹线屋顶

1) 创建迹线屋顶(坡屋顶、平顶屋)

在"建筑"面板的"屋顶"面板下拉列表中选择"迹线屋顶"选项，进入绘制屋顶轮廓草图模式。此时，自动跳转到"创建楼层边界"选项卡，单击"绘制"面板下的"拾取墙"命令，即 按钮，在选项栏中勾选"定义坡度"复选框，指定楼板边缘的偏移量，同时勾选"延伸到墙中(至核心层)"复选框。拾取墙时将拾取到有涂层和构造层的复合墙体的核心边界位置，如图 5-59 所示。

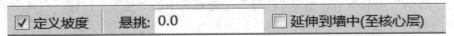

图 5-59　定义坡度

使用"Tab"键切换选择，可一次选中所有外墙，单击生成楼板边界，如出现交叉线条，使用"修剪"命令编辑成封闭楼板轮廓，或者单击"线"命令，用线绘制工具绘制封闭楼板轮廓。最后，单击鼠标完成编辑，如图 5-60 所示。

(注意：如果取消勾选"定义坡度"复选框，则会生成平屋顶。)

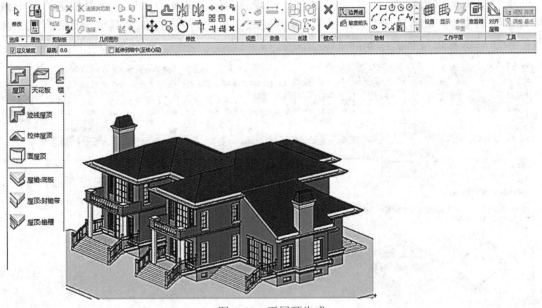

图 5-60　平屋顶生成

2) 创建圆锥屋顶

在"建筑"面板的"屋顶"下拉列表中选择"迹线屋顶"选项，进入绘制屋顶轮廓草图模式。

打开"属性"对话框，可以修改屋顶属性，如图 5-61 所示。用"拾取墙"或"线""起点-终点-半径弧"命令绘制有圆弧线条的封闭轮廓线，选择轮廓线，在选项栏勾选"定义坡度"复选框，"△　30.00°"符号将出现在其上方，设定角度值，设置屋面坡度。单击鼠标完成绘制，如图 5-62 所示。

图 5-61　修改屋顶属性

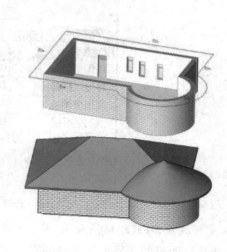

图 5-62　选择轮廓线

3) 四面双坡屋顶

在"建筑"面板的"屋顶"下拉列表中选择"迹线屋顶"选项，进入绘制屋顶轮廓草图模式，在选项栏取消勾选"定义坡度"复选框，用"拾取墙"或"线"命令绘制矩形轮廓。

选择"参照平面" 绘制参照平面，调整临时尺寸使左、右参照平面间距等于矩形宽度。在"修改"栏选择"拆分图元"选项，在右边参照平面处单击，将矩形长边分为两段。添加坡度箭头 坡度箭头 选择"修改屋顶"|"编辑迹线"选项卡，单击"绘制"面板中的"属性"按钮，设置坡度属性。单击"完成屋顶"，完成绘制，如图5-63 所示。

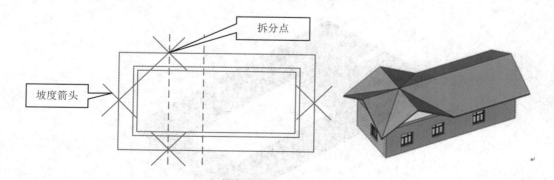

图 5-63　编辑迹线

注意：单击"坡度箭头"可在"属性"中选择尾高和坡度，如图 5-64 所示。

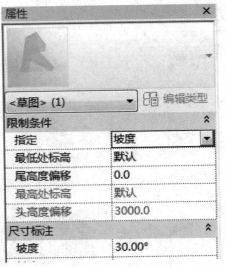

图 5-64　选择尾高和坡度

4) 双重斜坡屋顶(截断标高应用)

在"建筑"面板的"屋顶"下拉列表中选择"迹线屋顶"选项，进入绘制屋顶轮廓草图模式。

使用"拾取墙"或"线"命令绘制屋顶，在属性面板中设置"截断标高"和"截断偏移"，完成迹线屋顶的绘制，如图 5-65 所示。单击修改菜单的完成编辑模式即可完成绘制，如图 5-66 所示。

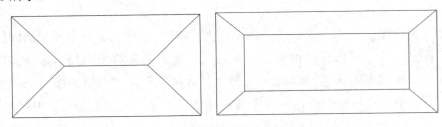

图 5-65　迹线屋顶绘制完成

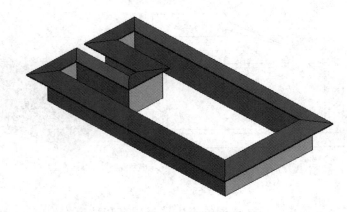

图 5-66　双重斜坡屋顶

用"迹线屋顶"命令在截断标高上沿第一层屋顶洞口边线绘制第二层屋顶。如果两层屋顶的坡度相同，则在"修改"选项卡的"编辑几何图形"中选择 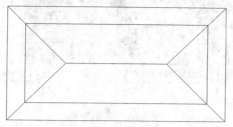连接/取消连接屋顶选项，连接两个屋顶，并隐藏屋顶的连接线，如图5-67所示。

图5-67　第二层屋顶绘制

5）编辑迹线屋顶

选择迹线屋顶，单击"屋顶"进入修改模式，单击"编辑迹线"命令，修改屋顶轮廓草图，完成屋顶设置。

属性修改：在"属性"对话框中可修改所选屋顶的标高、偏移、截断层、椽截面、坡度等；在"类型属性"对话框中可以设置屋顶的构造(构造、材质、厚度)、图形(粗略比例填充样式、粗略比例填充颜色)等，如图5-68所示。

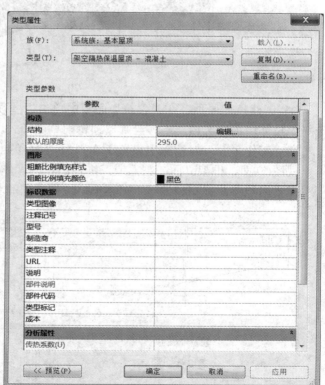

图5-68　属性修改

选择"修改"选项卡下"编辑几何图形"中的 连接/取消连接屋顶选项，连接屋顶到另一个屋顶或墙上，如图5-69所示。

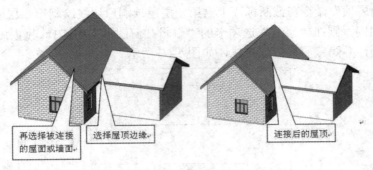

图 5-69　连接屋顶

对于从平面上不能创建的屋顶，可以从立面上用拉伸屋顶着手创建异形屋顶，如图 5-70 所示。

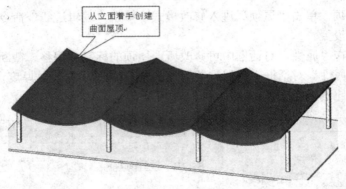

图 5-70　异形屋顶

(1) 创建拉伸屋顶。在"建筑"面板中单击"屋顶"下拉按钮，在弹出的下拉列表中选择"拉伸屋顶"选项，进入绘制屋顶轮廓草图模式。

在"工作平面"对话框中设置工作平面(选择参照平面或轴网绘制屋顶截面线)，选择工作视图(立面、框架立面、剖面或三维视图作为操作视图)。

在"屋顶参照标高和偏移"对话框中选择屋顶的基准标高，如图 5-71 所示。

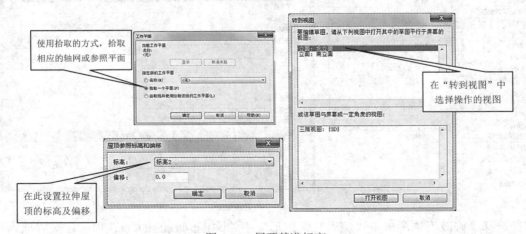

图 5-71　屋顶基准标高

绘制屋顶的截面线(单线绘制,无须闭合),单击设置拉伸起点、终点,完成绘制,如图 5-72 所示。

图 5-72 拉伸起点及终点

单击"修改"菜单的"完成编辑模式",即可完成绘制,如图 5-73 所示。

图 5-73 屋顶截面线

(2) 框架立面的生成。创建拉伸屋顶时经常需要创建一个框架立面,以便于绘制屋顶的截面线。

选择"视图"选项卡,在"创建"面板的"立面"下拉列表中选择"框架立面"选项,点选轴网或命名的参照平面,放置立面符号,在项目浏览器中将自动生成一个"立面 1-a"立面视图,如图 5-74 所示。

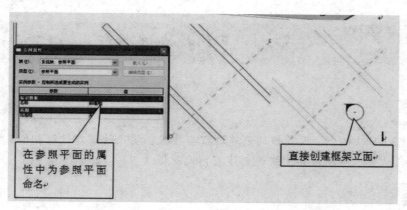

图 5-74 立面视图

(3) 编辑拉伸屋顶。选择拉伸屋顶,单击选项栏中的"编辑轮廓"按钮,修改屋顶草图,完成屋顶的绘制。

属性修改:修改所选屋顶的标高、拉伸起点、终点、椽截面等实例参数;编辑类型属性可以设置屋顶的构造(构造、材质、厚度)、图形(粗略比例填充样式、粗略比例填充颜色)等。

 技能训练习题

按照图 5-75 所示的平、立面绘制屋顶,屋顶板厚均为 400 mm,相关建模所需尺寸可参考平、立面图自定。

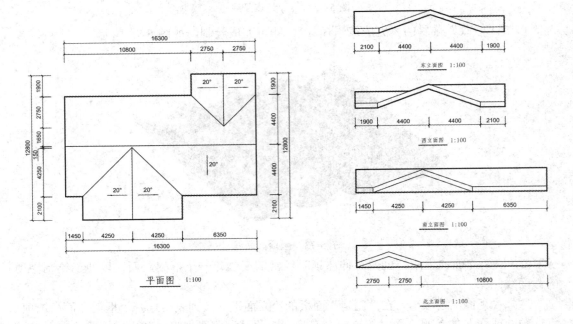

图 5-75 平、立面屋顶绘制

任务三 天花板案例分析

任务目标

在 Revit 2018 软件中,天花板的创建过程与楼板、屋顶的创建过程相似。使用天花板工具,能够自动查找房间边界,快速创建室内天花板。

知识链接

天花板是指一座建筑物室内顶部的表面。在室内设计中,天花板可以美化室内环境,在天花板上可以安装吊灯、光管、吊扇及开天窗、装空调等,具有改变室内照明及空气流通的效用。天花板是对装饰室内屋顶材料的总称,过去传统民居中多以草席、苇席、木板等为主要材料,随着科技的进步更多的现代建筑材料被应用进来。

一、建模命令调用

单击"建筑"主选项卡，再单击"构建"子选项卡中的"天花板"按钮，弹出"修改丨放置天花板"选项卡，如图 5-76 所示。

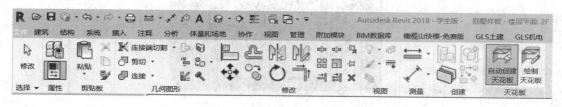

图 5-76　"修改丨放置天花板"选项卡

二、天花板实例操作

在创建好楼板的基础上创建天花板，操作步骤如下：

(1) 先在三维视图中找到剖面框并点选，如图 5-77 所示。

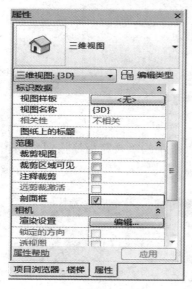

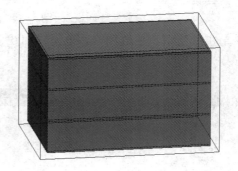

图 5-77　剖面框(1)

(2) 单击剖面框，如图 5-78 所示。

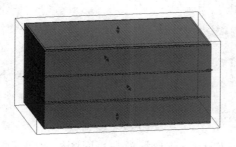

图 5-78　剖面框(2)

(3) 用鼠标按住 |◀▶| 调整剖面框大小，如图 5-79 所示。

图 5-79　剖面框(3)

(4) 双击"标高 2"，回到平面图，如图 5-80 所示。

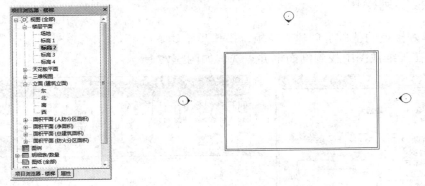

图 5-80　平面图

(5) 单击"建筑"主选项卡，单击"构建"子选项卡中的"天花板"按钮，如图 5-81
所示。

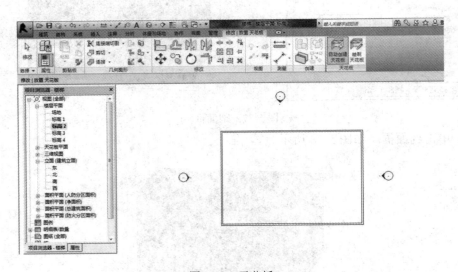

图 5-81　天花板

(6) 单击"自动创建天花板"，将鼠标放在平面图框内即可生成天花板，然后切换至三维视图，如图 5-82 所示。

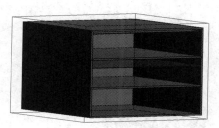

图 5-82　三维视图

（7）选中生成的天花板，在属性栏中修改标高，如图 5-83 所示。

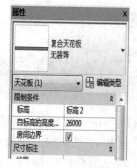
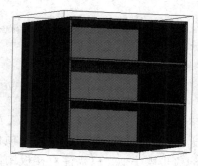

图 5-83　修改标高

 技能训练习题

打开先前的项目模型，绘制如图 5-84 所示的天花板，材质选用光面复合天花板，效果如图 5-85 所示。

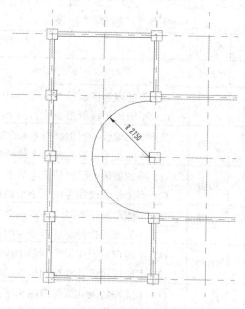

图 5-84　天花板绘制

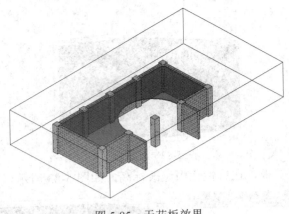

图 5-85　天花板效果

项 目 小 结

　　本项目学习了 Revit 2018 中楼板、屋顶和天花板的用法，对楼板、屋顶和天花板的创建步骤进行了较为详细的讲解，并完成了实例项目中楼板、屋顶和天花板的创建。其中，楼板与天花板的创建步骤类似，只需注意楼板构件和天花板构件的标高及边缘即可。屋顶的创建主要介绍了面屋顶和迹线屋顶。

技 能 考 核

　　根据完成情况给予考核，技能考核表如表 5-1 所示。

表 5-1　技能考核表

班级		姓名			扣分记录	得分
项目	考核要求	分值	评分细则			
楼板	能完成楼板	10 分	(1) 不能理解楼板基本概念扣 10 分 (2) 不能使用楼板指令绘制扣 10 分			
楼板地漏绘制	能正确绘制楼板地漏	20 分	(1) 不能理解楼板地漏基本概念扣 10 分 (2) 不能使用楼板地漏指令绘制扣 10 分			
迹线屋顶	能绘制完成迹线屋顶	30 分	(1) 不能理解迹线屋顶基本概念扣 15 分 (2) 不能使用迹线屋顶指令绘制扣 15 分			
拉伸屋顶	能正确绘制拉伸屋顶	20 分	(1) 不能理解拉伸屋顶基本概念扣 10 分 (2) 不能使用拉伸屋顶指令绘制扣 10 分			
天花板绘制	能完成天花板绘制	10 分	(1) 不能理解天花板绘制基本概念扣 5 分 (2) 不能使用天花板绘制指令绘制扣 5 分			
天花板轮廓编辑	能编辑天花板轮廓	20 分	(1) 不能理解天花板轮廓编辑基本概念扣 10 分 (2) 不能使用天花板轮廓编辑指令扣 10 分			

实训项目六 楼梯、坡道和扶手的创建

坡道和楼梯是建筑中最常用的垂直交通工具，Revit 2018 中提供了楼梯和坡道工具，用在项目中创建楼梯和坡道构件。

 项目分析

Revit 提供了两种创建楼梯的方法，分别是按构件与按草图。两种方法所创建出来的楼梯样式相同，但在绘制过程中方法不同，同样的参数设置效果也不尽相同。按构件创建楼梯，是通过装配常见梯段、平台和支撑构件来创建的，在平面或三维视图中均可进行创建，这种方法对于创建常规样式双跑或三跑楼梯很方便。按草图创建楼梯，是通过定义楼梯梯段或绘制梯边线来创建的。在平面视图中创建楼梯的优点是创建异形楼梯非常方便，楼梯的平面轮廓形状可以自定义。从 Revit 2018 起无法直接从草图创建楼梯，需要通过构件转换成草图。

本项目需要完成以下任务：

(1) 楼梯创建案例。

(2) 坡道创建案例。

(3) 扶手创建案例。

 知识目标

了解楼梯和坡道的创建。

 能力目标

(1) 掌握楼梯的创建。

(2) 掌握坡道的创建。

(3) 掌握扶手在楼梯和坡道中的创建。

任务一 楼梯案例分析

任务目标

使用"楼梯"工具在项目中添加各种形式的楼梯。

知识链接

　　楼梯在建筑物中作为楼层间垂直交通用的构件，用于楼层之间和高差较大时的交通联系。在以电梯、自动梯作为主要垂直交通手段的多层和高层建筑中也要设置楼梯，建筑设计中楼梯是一个非常重要的构件。高层建筑尽管采用电梯作为主要垂直交通工具，但仍然要保留楼梯供火灾时逃生之用。楼梯由连续梯级的梯段(又称梯跑)、平台(休息平台)和围护构件等组成。楼梯的最低和最高一级踏步间的水平投影距离为梯长，梯级的总高为梯高。楼梯按梯段可分为单跑楼梯、双跑楼梯和多跑楼梯。梯段的平面形状有直线的、折线的和曲线的。

　　单跑楼梯最为简单，适合于层高较低的建筑；双跑楼梯最为常见，有双跑直上、双跑曲折、双跑对折(平行)等，适用于一般民用建筑和工业建筑；三跑楼梯有三折式、丁字式、分合式等，多用于公共建筑；剪刀楼梯由一对方向相反的双跑平行梯组成，或由一对互相重叠而又不连通的单跑直上梯构成，剖面呈交叉的剪刀形，能同时通过较多的人流并节省空间；螺旋转梯是以扇形踏步支撑在中立柱上，虽行走欠舒适，但节省空间，适用于人流较少，使用不频繁的场所；圆形、半圆形、弧形楼梯由曲梁或曲板支撑，踏步略呈扇形，花式多样，造型活泼，富于装饰性，适用于公共建筑。楼梯组成大致如图6-1 所示。

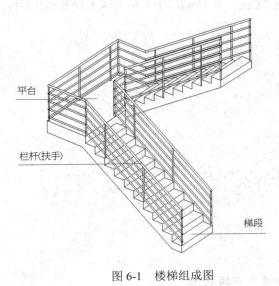

平台

栏杆(扶手)

梯段

图 6-1　楼梯组成图

一、楼梯的尺度

　　楼梯尺度包括踏步尺度、梯段尺度、平台宽度、梯井宽度、栏杆扶手尺度和楼梯净空高度。

　　楼梯的坡度在实际应用中均由踏步高宽比确定。踏步的高宽比需要根据人流行走的舒适度、安全性和楼梯间的尺度、面积等因素进行综合权衡。常用的楼梯坡度为 1：2 左右。

当人流量大时，安全要求高的楼梯坡度应该平缓一些，反之则可陡些，以减小楼梯水平投影面积。楼梯踏步的高度和宽度尺寸一般根据经验数据确定，具体如表6-1所示。

表6-1　踏步常用高宽尺寸

踏步尺寸	建筑类型				
	住宅楼	学校、办公楼	幼儿园	医院	剧院、会堂
踏步高度/mm	150～175	140～160	120～150	120～150	120～150
踏步宽度/mm	260～300	280～340	260～280	300～350	300～350

梯段尺度分为梯段宽度(如图6-2所示)和梯段长度。梯段宽度应根据紧急疏散时要求通过的人流股数确定，每股人流按550～600 mm宽度考虑，双人通行时梯段宽度一般设为1100～1200 mm，以此类推。此外，还需要满足各类建筑设计规范中对梯段宽度的最低限度要求。

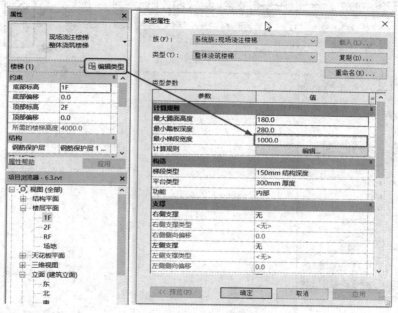

图6-2　梯段宽度

平台宽度分为中间平台宽度和楼层平台宽度。对于平行和折行多跑等类型的楼梯，其中间平台宽度应不小于梯段宽度，且不得小于1200 mm，以保证通行和梯段同股数的人流，同时应便于家具搬运，医院建筑还应保证担架在平台处能转向通行，且其中间平台宽度应不小于1800 mm。对于直行多跑楼梯，其中间平台宽度不宜小于1200 mm，而楼层平台宽度应比中间平台更大一些，以利于人流分配和停留。

所谓梯井，是指梯段之间形成的空当，且该空当从顶层到底层贯通。梯井宽度应小一些，以60～200 mm为宜。

楼梯各部位的净空高度应保证人流通行和家具搬运的便利，一般要求不小于2000 mm，梯段范围内的净空高度应大于2200 mm。梯段栏杆扶手高度是指踏步前缘线至扶手顶面的垂直距离。其高度根据人体重心高度和楼梯坡度等因素确定，一般不应低于900 mm，供儿童使用的楼梯应在500～600 mm高度增设扶手。

二、建模命令调用

使用"楼梯"工具可以在项目中添加各种样式的楼梯。一般常见的楼梯有直行单跑、多跑楼梯，平行双跑楼梯，双分平行、折行多跑楼梯，螺旋楼梯及弧形楼梯等。在 Revit 中，楼梯由楼梯和扶手两部分构成。在绘制楼梯时，Revit 会沿着楼梯自动放置指定类型的扶手，与其他构件类似，需要通过楼梯的类型属性对话框定义楼梯的参数，从而生成指定的楼梯模型。

其基本指令顺序为："建筑"→"楼梯"→选择"构件"→"完成"（"确定"或"取消"），如图 6-3 和图 6-4 所示。

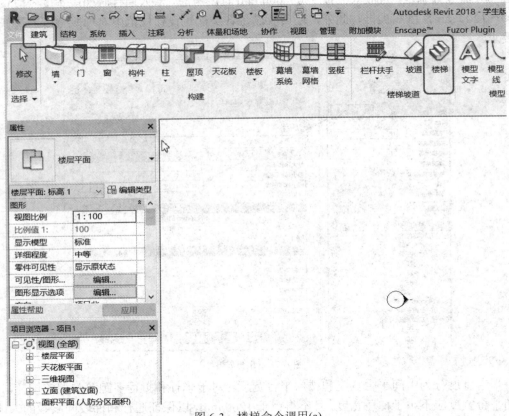

图 6-3　楼梯命令调用(a)

图 6-4　楼梯命令调用(b)

三、楼梯实例操作

Revit 2018 提供直梯、全踏步螺旋、圆心-端点螺旋、L 形转角、U 形转角及创建草图等构件建模。

1. 直梯

选择"建筑"菜单→"楼梯"→进入"创建楼梯"→选择"直梯"，如图 6-5 至图 6-7 所示。

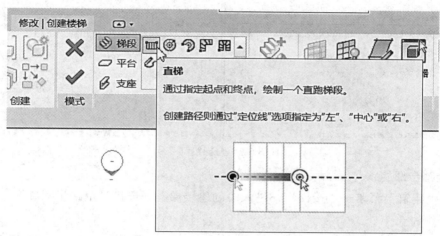

图 6-5　直梯命令调用

图 6-6　楼梯创建：直梯

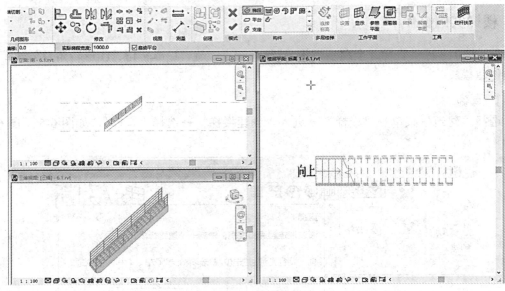

图 6-7　直梯绘制

2. 全踏步螺旋

选择"建筑"菜单→"楼梯"→进入"创建楼梯"→选择"全踏步螺旋",如图 6-8 所示。

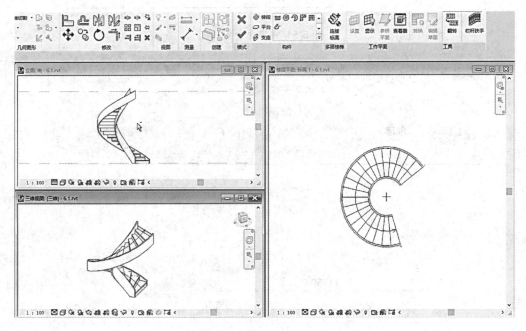

图 6-8　全踏步螺旋绘制

3. 螺旋梯

选择"建筑"菜单→"楼梯"→进入"创建楼梯"→选择"圆心-端点螺旋",如图 6-9 所示。

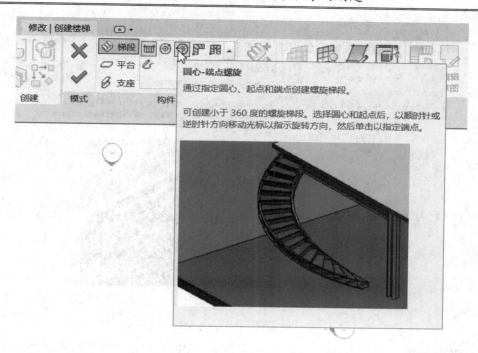

图 6-9　圆心-端点螺旋绘制

4. L 形梯及 U 形梯

选择"建筑"菜单→"楼梯"→进入"创建楼梯"→选择"L 形转角"或"U 形转角"，如图 6-10 和图 6-11 所示。

图 6-10　L 形梯绘制

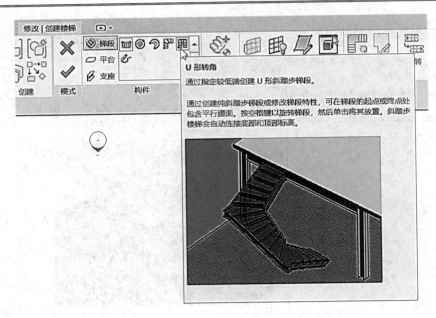

图 6-11　U 形梯绘制

5. 双跑楼梯

选择"建筑"菜单→"楼梯"→进入"创建楼梯"→选择"直梯"→依前进方向点"1、2、3、4"(如图 6-12、图 6-13、图 6-14 和图 6-15 所示),可完成双跑楼梯,如图 6-16 所示。

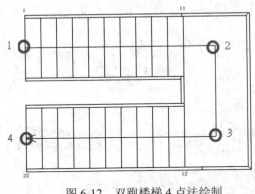

图 6-12　双跑楼梯 4 点法绘制

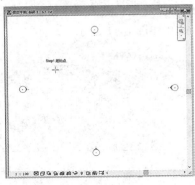

图 6-13　4 点法绘制 Step1

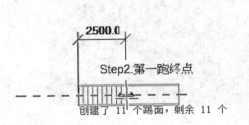

图 6-14　4 点法绘制 Step2

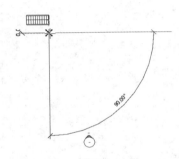

图 6-15　4 点法绘制 Step3

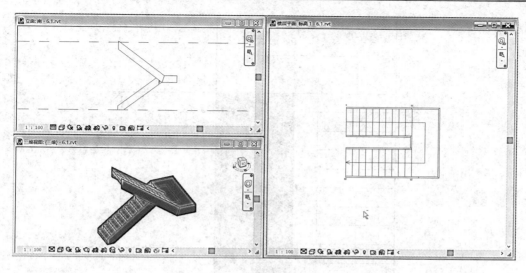

图 6-16　4 点法绘制 Step4

6. 转换草图

选择"楼梯"→"编辑楼梯"(如图 6-17 所示)→"选择楼梯"(如图 6-18 所示)→"转换"(如图 6-19 和图 6-20 所示)→"编辑草图"(如图 6-21 所示)。

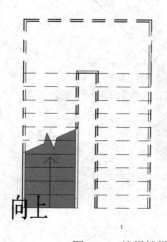

图 6-17　编辑楼梯

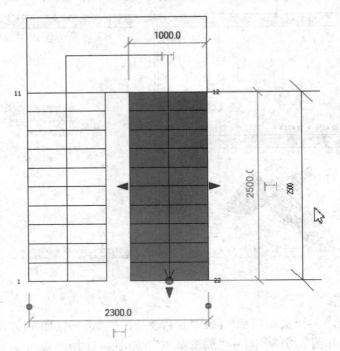

图 6-18　选择楼梯

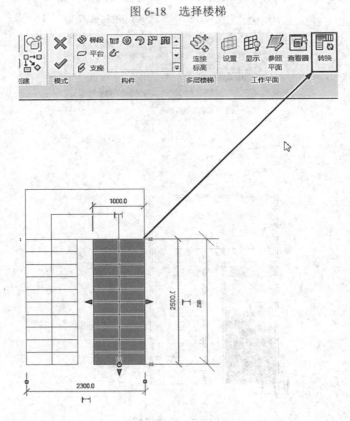

图 6-19　转换

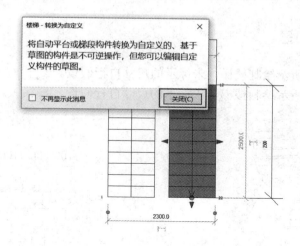

图 6-20　提示信息

图 6-21　编辑草图

7. 编辑草图

可选择边界及踢面进行编辑，编辑后选择"完成"，如图 6-22 所示。

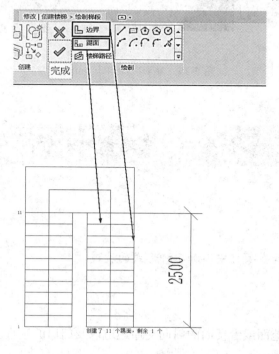

图 6-22　编辑草图

技能训练习题

1. 依照图 6-23 所示绘制楼梯，未标示的尺寸自行假设。
2. 依照图 6-24 所示绘制楼梯，未标示的尺寸自行假设。

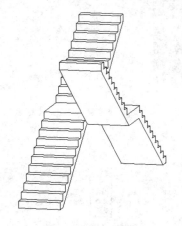

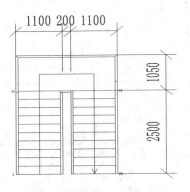

图 6-23　剪刀楼梯　　　　　　　　　　　图 6-24　双跑楼梯(单位 mm)

3. 依照图 6-25 所示绘制楼梯，未标示的尺寸自行假设。

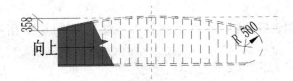

图 6-25　异形楼梯(单位 mm)

任务二　坡道案例分析

任务目标

使用"坡道"工具在项目中添加各种形式的坡道。

知识链接

坡道是连接高差地面或者楼面的斜向交通通道以及门口的垂直交通和竖向疏散措施，坡道设置应符合下列规定：

(1) 室内坡道坡度不宜大于 1：8，室外坡道坡度不宜大于 1：10。

(2) 室内坡道水平投影长度超过 15 m 时，宜设休息平台，平台宽度应根据使用功能或设备尺寸缓冲空间而定。

(3) 供轮椅使用的坡道不应大于 1：12，困难地段不应大于 1：8。

(4) 自行车推行坡道每段长不宜超过 6 m，坡度不宜大于 1：5。

(5) 坡道应采取防滑措施。

一、建模命令调用

Revit 2018 提供创建草图方式建构坡道，创建和编辑方法类似于楼梯，参数设定比较简单，可透过草图绘制完成坡道，即选择"建筑"菜单→"坡道"→进入"创建坡道"，如图 6-26 所示。

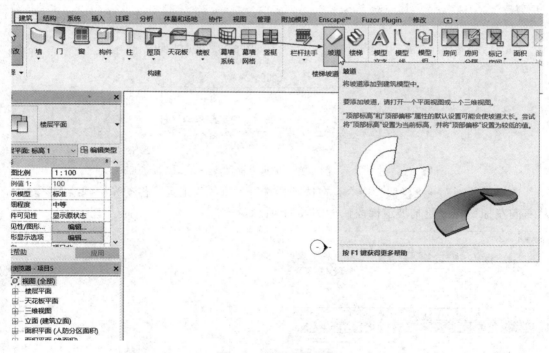

图 6-26　坡道建模指令

二、坡道实例操作

在"项目浏览器"中双击"楼层平面"下的"一层"，打开"楼层平面：一层"平面视图。在"建筑"选项卡的"楼梯坡道"面板中单击"坡道"命令，进入绘制模式。在"属性"面板中，设置"底部标高"为"一层"，设置"顶部标高"为"一层"，设置"底部偏移"为 −600 mm，设置"顶部偏移"为 −100 mm，设置"宽度"为 1200 mm，如图 6-27、图 6-28 和图 6-29 所示。单击"编辑类型"按钮，打开坡道的"类型属性"对话框，设置"最大坡道长度"为"6000"，设置"坡道最大坡度(1/X)"为"12"，设置"造型"为"实体"，如图 6-30 所示。设置完成后，单击"确定"按钮关闭对话框。

图 6-27 坡道属性设定   图 6-28 坡道平面图

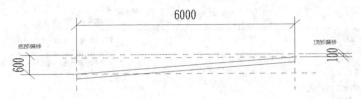

图 6-29 坡道立面图

选择"绘制"→"梯段"命令，在选项栏选择"直线"工具，移动光标到绘图区域中，从右向左拖曳光标绘制坡道梯段，如图 6-31 所示。

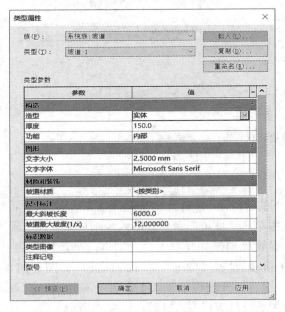

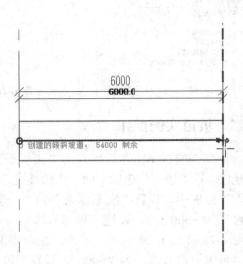

图 6-30 坡道属性设置   图 6-31 坡道绘制

技能训练习题

1. 请完成楼层 1 底部偏移 –550 mm，顶部偏移 50 mm，坡道宽度 1000 mm，最大坡度 1/10，斜坡长度 5500 mm。

2. 试完成图 6-32 所示坡道平面图，相关坡道参数自行假设。

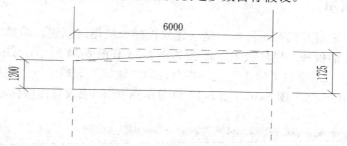

图 6-32　坡道平面

任务三　扶手案例分析

任务目标

使用"扶手"工具在项目中添加各种形式的扶手。

知识链接

扶手指的是用来保持身体平衡或支撑身体的横木或把手，常用于楼梯及坡道。

1. 室内楼梯扶手高度规范

室内楼梯装修的高度标准是 90 cm，这一数据可根据实际情况改变。当楼梯的长度超过 5 m 时，可适当将楼梯扶手的高度提升到 100 cm。此外，如果家中有小孩子，为安全起见，亦应将楼梯扶手的高度定为 100 cm 为佳。

2. 室外楼梯扶手高度规范

当临空高度在 24 m 以下时，室外共用楼梯扶手高度不宜低于 105 cm；当临空高度在 24 m 以上时，室外的楼梯扶手高度不宜低于 110 cm。

3. 其他楼梯扶手安装注意事项

其他楼梯扶手安装注意事项如下：

(1) 楼梯扶手高度的算法：从楼梯台阶面或屋面至楼梯扶手顶面的垂直高度。

(2) 栏杆垂直杆之间的净空不应大于 11 cm，特别是家中有小孩的。

(3) 栏杆离楼面或屋面 10 cm 高度内不宜留空。

为了制定一个楼梯扶手高度标准，《民用建筑设计通则》JGJ37—87 中的强制性条文也有相关的规定，具体内容如下：

(1) 栏杆应以坚固、耐久的材料制作，并能承受荷载规范规定的水平荷载；

(2) 栏杆高度不应小于 1.05 m，高层建筑的栏杆高度应适当提高，但不宜超过 1.20 m；

(3) 栏杆离地面或屋面 0.10 m，高度内不应留空；

(4) 有儿童活动的场所，栏杆应采用不易攀登的构造。

一、建模命令调用

Revit 扶手的建模方式有两种：一是在建立楼梯或坡道时创建，即单击"建筑"选项卡→"楼梯坡道"面板→"栏杆扶手"命令(如图 6-33 和图 6-34 所示)，扶手可选择建立于踏板或梯边梁上；二是透过"建筑"菜单指令，即"建筑"选项卡→"栏杆扶手"→选择"绘制路径"(如图 6-35、图 6-36、图 6-37 和图 6-38 所示)或放置在楼梯坡道上(如图 6-39和图 6-40 所示)。

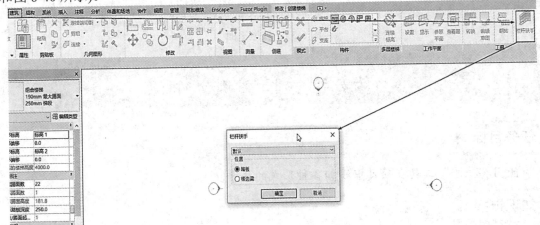

图 6-33　扶手建构(1)

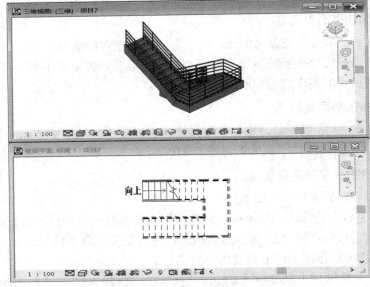

图 6-34　扶手建构(2)

图 6-35 栏杆扶手指令

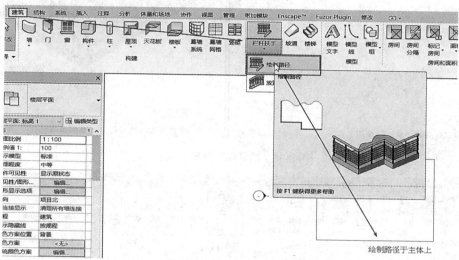

图 6-36 绘制路径

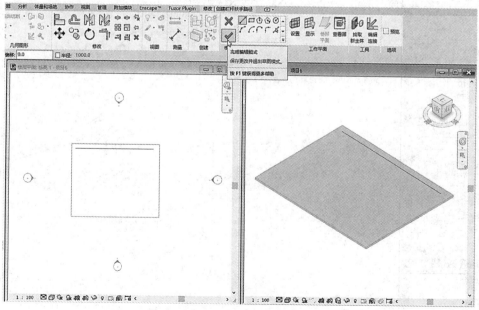

图 6-37 主体绘制路径

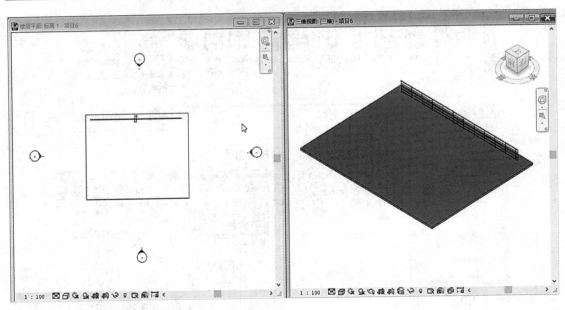

图 6-38　绘制路径和扶手建构

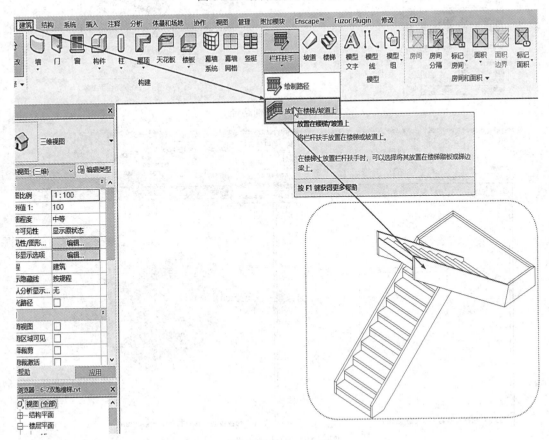

图 6-39　楼梯或坡道主体扶手放置(1)

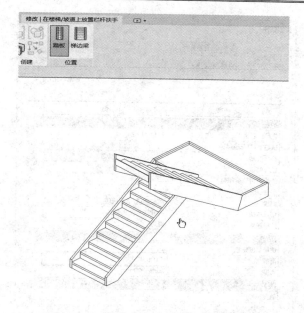

图 6-40 楼梯或坡道主体扶手放置(2)

二、扶手实例操作

单击"栏杆扶手"按钮，选择直线绘制路径，在"属性"面板中单击"编辑类型"，复制新建一个 1100 mm 栏杆扶手类型，属性设置如图 6-41 和图 6-42 所示。

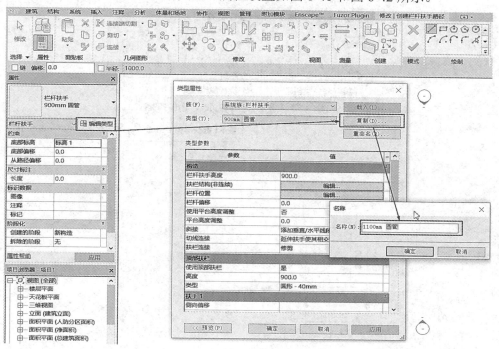

图 6-41 扶手属性设置(1)

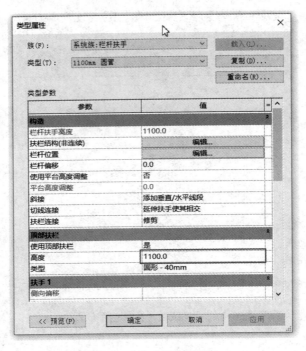

图 6-42　扶手属性设置(2)

　　在楼层 1 平面视图中绘制 3600 mm × 3600 mm 的扶手路径(如图 6-43 所示)，单击"完成"后可在三维视图中查看扶手效果，如图 6-44 所示。

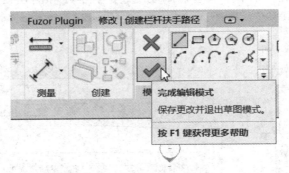

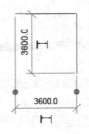

图 6-43　创建扶手路径

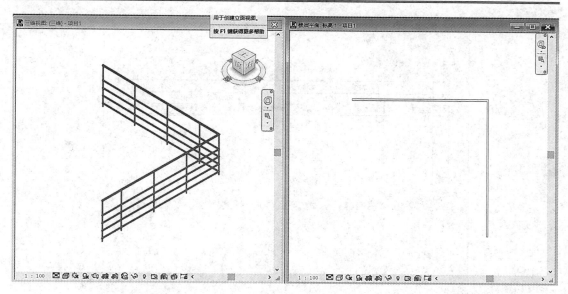

图 6-44 扶手效果

　　除采用系统中的栏杆扶手类型，用户还可以根据需求自定义栏杆扶手。选择先前创建的扶手，在"类型属性"中选择"编辑"，如图 6-45 所示。扶栏 1 和扶栏 2 高度分别设定为 1100 mm 和 750 mm，轮廓分别设定为矩形扶手 50×50 mm 和 20 mm，材质为不锈钢，如图 6-46 所示。

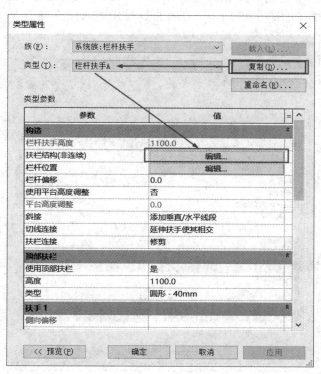

图 6-45 编辑类型

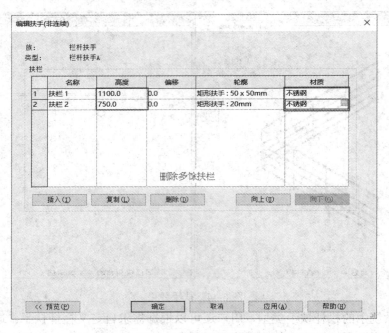

图 6-46　编辑扶手(1)

扶栏可以直接载入扶栏轮廓族来添加，扶栏的高度不能超过定义的栏杆扶手高度，设置完成后单击"确定"，返回"类型属性"，单击"参数""栏杆位置"之"编辑"，打开"编辑栏杆位置"对话框，如图 6-47 所示，在栏杆属性中填入图 6-48 所示之数值。

图 6-47　编辑扶手(2)

图 6-48　编辑扶手(3)

✍ 技能训练习题

1. 试绘制一长 6000 mm、宽 4000 mm、高 1200 mm 的扶手，如图 6-49 所示。
2. 试完成前任务二完成之坡道扶手栏杆绘制，类型选择玻璃嵌板，如图 6-50 所示。

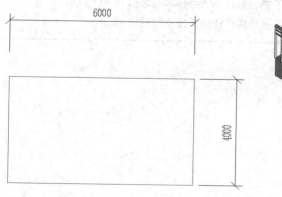

图 6-49　绘制路径

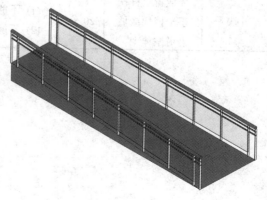

图 6-50　坡道扶手栏杆绘制

项 目 小 结

通过本项目的学习，了解楼梯基本组成及参数设置，并掌握创建及转换草图的绘制方法，掌握坡道及栏杆扶手的创建。

技 能 考 核

根据完成情况给予考核，技能考核表如表 6-2 所示。

表 6-2　技能考核表

班级			姓名		扣分记录	得分
项目	考核要求	分值		评分细则		
剪刀楼梯	能完成剪刀楼梯	10 分		(1) 不能理解剪刀楼梯基本概念扣 10 分 (2) 不能使用剪刀楼梯指令绘制扣 10 分		
双跑楼梯	能正确绘制双跑楼梯	10 分		(1) 不能理解双跑楼梯基本概念扣 10 分 (2) 不能使用双跑楼梯指令绘制扣 10 分		
异形楼梯	应用草图绘制完成异形楼梯	30 分		(1) 不能理解异形楼梯基本概念扣 10 分 (2) 不能使用异形楼梯指令绘制扣 10 分		
坡道	能正确绘制坡道	10 分		(1) 不能理解坡道基本概念扣 5 分 (2) 不能使用坡道指令绘制扣 5 分		
异形坡道	应用草图绘制完成异形坡道	20 分		(1) 不能理解异形坡道基本概念扣 10 分 (2) 不能使用异形坡道指令绘制扣 10 分		
栏杆扶手	能放置栏杆扶手于楼梯或坡道主体上	20 分		(1) 不能理解栏杆扶手基本概念扣 10 分 (2) 不能使用栏杆扶手指令绘制扣 10 分		

实训项目七　场地与 RPC

 项目分析

使用 Revit 提供的场地工具，可以为项目创建场地三维地形模型、场地红线、道桥地坪等构件，完成场地设计。在场地中可以添加植物、路灯等场地构件，以丰富场地表现。

在 Revit 中，场地是创建场地模型的重要工具，在 Revit 中提供了三种创建场地的基本方法：第一，通过创建点来生成场地模型；第二，通过导入等高线等三维模型数据生成场地；第三，通过导入测量点，由 Revit 对其导入的点数据进行计算生成场地。

本项目需要完成以下任务：

(1) 场地与场地创建。

(2) RPC 族创建及渲染。

 知识目标

(1) 熟悉 Revit 场地创建的基本构件。

(2) 了解 RPC 族。

 能力目标

(1) 掌握 Revit 场地创建及渲染。

(2) 掌握 RPC 族在场地创建中的运用。

任务一　场　地　创　建

任务目标

完成 Revit 场地中的地形绘制、分割子面域及场地构件放置等。

知识链接

BIM 技术发展趋于成熟，在建设工程中涉及施工、设计、管理等方面。传统的二维平面已无法满足如今的建设要求，在场地创建中，已进入三维空间的信息化时代。

本任务场地内容涉及面广，包括地形地貌、场内高程、场内道路、建筑红线及景观植被等，如图 7-1 所示。在现代化工程建设中，通过三维模型建立及渲染，形成生动的三维画面，直观且清晰地表达建设工程的外部轮廓，更利于工程建设管理的开展。

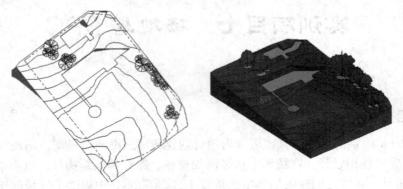

图 7-1　场地模型

Revit 在场地布置上还包含了施工现场的场地布置，结合实际项目现场平面布置图，包含项目现场各类设施、构件的模型创建与布置。要掌握场地模型创建、场地设计、布置要点，掌握场地布置中的技术、安全要求。利用 Revit 软件可进行场地设计和建模的全流程操作。

一、建模命令调用

1. 放置地形表面

"地形表面"按钮 🖿 位于"体量和场地"选项卡的"场地建模"面板中，单击该命令后，用户可以通过"放置点"在项目中直接绘制地形表面，也可以通过导入 CAD 或 CSV 文件创建地形表面，如图 7-2 所示。

图 7-2　放置地形表面

通过设置点生成地形表面：单击"地形表面"按钮后，选择"修改|编辑表面"选项卡下的"放置点"命令，在绘图区域设置三个以上的高程点即可生成地形，这些点的高程值可以在选项栏中进行修改，放置完关键点后单击"✔"可确认完成地形表面，如图 7-3 所示。

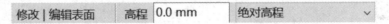

图 7-3　修改高程

地形表面在三维视图中呈面状显示，在视图的"属性"面板中勾选"剖面框"，可将地形表面剖切出"厚度"显示，如图 7-4 所示。

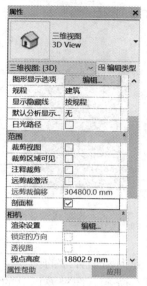

图 7-4 选择剖面框

2. 修改地形表面

选中地形表面，在"修改|地形"上下文选项卡中单击"编辑表面"命令，可返回地形表面编辑状态对其修改：要添加关键点，可继续单击"放置点"进行高程点的放置；要删除高程点，可在绘图区域中选择该高程点，按<Delete>键将其删除；如果要修改高程点的高度，可选择该点，在"属性"面板中进行修改。要修改地形表面的材质，可在其实例属性面板中修改。

3. 设置等高线

要修改地形表面的等高线，可单击"体量和场地"选项卡中"场地建模"面板旁的箭头符号，软件会弹出"场地设置"对话框。在对话框中可以设置等高线的间隔和附加等高线的间隔等，如图 7-5 所示。

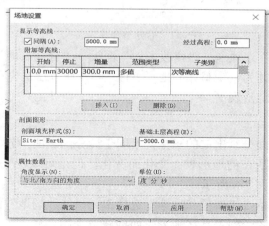

图 7-5 修改等高线

单击"体量与场地"选项卡中的"标记等高线"命令在地形上绘制直线与等高线相交，可以标记出等高线的高度，如图 7-6 所示。绘制与等高线相交的线后，可能需要放大才能看到标签。

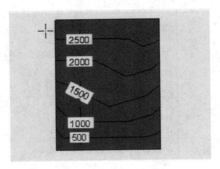

图 7-6　等高线示意图

4. 拆分与合并表面

要将一个整体的地形表面拆分为两个独立的图元，可单击"体量和场地"选项卡→"修改场地"面板→"拆分表面"命令，选择要拆分的表面，并用草图线工具将模型分开，单击"确定"后，地形会随着草图线分割开来，变成两个独立的地形表面，如图 7-7 所示。

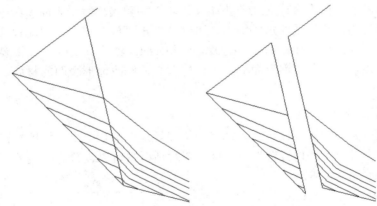

图 7-7　拆分与合并表面

通过"体量和场地"选项卡→"修改场地"面板→"合并表面"命令可以将若干个有面域重叠的地形表面合并为一个整体的地形表面，其操作方法是先单击"合并表面"按钮，再依次单击需要合并的地形表面。

5. 分割子面域

子面域是从地形表面分割出来的子集，不同于拆分的表面，分割后仍属于地形表面的一部分。子面域会随其所在的地形表面变化而变化，但是可以定义其自身属性(如材质)，常用来绘制道路等，如图 7-8 所示。

要创建子面域，应单击"体量和场地"选项卡→"修改场地"面板→"子面域"命令进入草图模式，使用草图绘制工具在地形表面创建单个闭合环，然后完成编辑即可。分割好的子面域可以单独选择，在实例属性面板中可以修改材质等属性。

　　要修改子面域的边界，应选择子面域，单击"修改|地形"选项卡→"模式"面板→"编辑边界"命令，在草图模式下对边界进行修改。

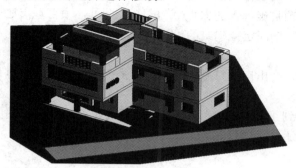

图 7-8　子面域示意图

6. 放置建筑地坪

　　建筑地坪是类似楼板的建模构件，与楼板不同的是它会根据自身的高度，在地形表面进行"开挖"或"填平"，可用来处理建筑和地形表面的关系，如图 7-9 所示。

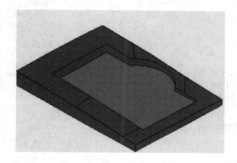

图 7-9　设置建筑地坪

　　"建筑地坪"的命令位于"体量和场地"选项卡→"场地建模"面板中，其创建方式与楼板的绘制相同，其结构也能像楼板一样进行分层设置，在添加建筑地坪之前，要先定义地形表面。

7. 建筑红线

　　要在平面图中绘制建筑红线，须切换到平面视图中，单击"体量和场地"选项卡→"修改场地"面板→"建筑红线"命令，在弹出的对话框中(如图 7-10 所示)，用户可对创建红线的方式进行选择：使用 Revit 中的绘制工具进行绘制或直接将测量数据输入到项目中。

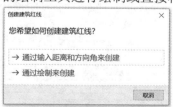

图 7-10　创建建筑红线命令

8. 修改项目方向

　　在场地平面视图中，"🔺"符号中包含了项目基点"⊗"和测量点"🔺"。

测量点代表现实世界中的已知点，如大地测量标记。测量点用于在其他坐标系(如在土木工程应用程序中使用的坐标系)中正确确定建筑几何图形的方向。

项目基点定义了项目坐标系的原点(0，0，0)。此外，项目基点还可用于在场地中确定建筑的位置，并在构造期间定位建筑的设计图元。参照项目坐标系的高程点坐标和高程点相对于此点的显示。

选中项目的基点，会出现项目基点相对位置的值，单击这些数据，可以对其进行精确修改，如图 7-11 所示。

可以设置项目"到正北的角度"，设置了项目的角度后，在视图的"属性"面板中选择项目应按"正北"还是"项目北"方向显示，如图 7-12 所示。

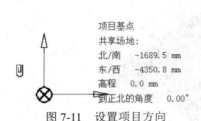

图 7-11 设置项目方向   图 7-12 设置属性栏

9. 放置植物、人物等场地构件

绘制完地形后，场地中的植物、人物、车辆、停车场、路灯等景观设置可以通过"体量和场地"选项卡中的场地构件"⛄"和停车场构件"▦"完成。

二、项目场地创建

(1) 如图 7-13 所示，打开实例模型，将视图切换至平面视图。

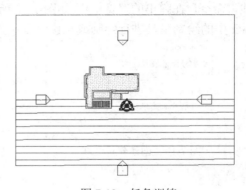

图 7-13 任务训练

（2）单击"体量和场地"选项卡→"场地建模"面板→"地形表面"按钮，在"修改|编辑表面"上下文选项卡中选择"放置点"工具，在参照平面的六个交点处单击放置六个高程点，生成地形面。

（3）选中最下方两个高程点，在"实例属性"面板中修改其立面值为"3000"，单击"✔"确认并完成地面地形，如图 7-14 所示。

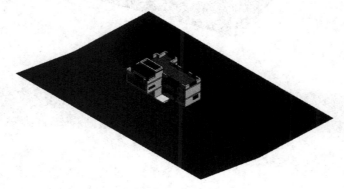

图 7-14　三维效果

（4）在场地平面视图中，单击"体量和场地"选项卡→"修改场地"面板→"子面域"按钮，在地形表面绘制如图 7-15 所示子面域，在"属性"面板中修改其材质为"沥青"。

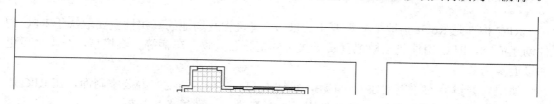

图 7-15　设置子面域

（5）单击"体量和场地"选项卡→"场地建模"面板→"建筑地坪"按钮，围绕建筑绘制地坪轮廓，并确定其高度限制条件为"标高 1"，如图 7-16 所示。

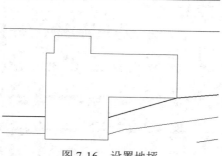

图 7-16　设置地坪

（6）单击"插入"选项卡→"从库中载入"面板→"载入族"命令，依次打开软件自带族库中的建筑→配景文件夹，载入人物和车辆。

（7）单击"体量和场地"选项卡→"场地建模"面板→"场地构件"命令，在图 7-17的地形表面放置植物、车辆和人物等内容。

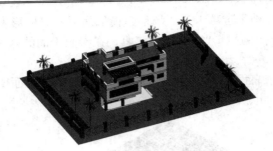

图 7-17　成品效果

任务二　RPC 分析

任务目标

完成 RPC 构件的创建渲染。

知识链接

RPC 构件是 Revit 场地中的重要组成部分，建筑物及场地的真实性主要取决于 RPC 构件创建渲染。RPC 构件包括模拟真实场景中的植物、人物、车辆等三维模型，渲染之后更加接近实物效果

使用族编辑器为环境创建 Revit 族，包括人物、汽车、植物和办公室画面，在 RPC 族中可以指定一个 Arch Vision RPC 文件用于外观渲染，下面以人物为例。

1. 创建 RPC 族

新建族，选择"公制 RPC.rfa"，如图 7-18 所示

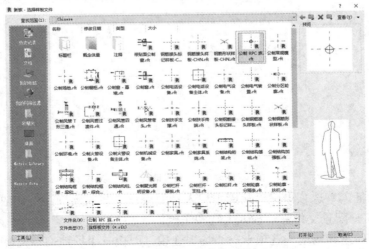

图 7-18　新建族

2. 指定外观渲染

(1) 新建"项目"，切换到"族"图层，点击"创建"选项卡→"载入到项目"按钮，如图 7-19 所示。

(2) 选择族属性"编辑类型"按钮，进入 RPC 族类型属性面板，如图 7-20 所示。

图 7-19　载入族　　　　　　　　　　　图 7-20　族类型属性面板

(3) 单击"渲染外观属性"右侧的"编辑"按钮，可以设置人物的"投射反射""抖动""公告牌"。

(4) 单击"渲染外观"右侧的人物名称"Alex"，进入如图 7-21 所示的界面，可选择"男人""女人""小孩"，单击"确定"。

(5) 在视图控制栏上单击"视觉样式"按钮，将视觉效果改为"真实"，则 RPC 族中人物渲染完成，如图 7-22 所示。

图 7-21　渲染人物　　　　　　　　　　　图 7-22　渲染效果

(6) 单击族属性"编辑类型",进入"渲染外观库",可进行"植物"等 RPC 族渲染,选择完毕后,占位符会随之变化。如图 7-23 所示,用户可根据自身需要,通过单击"插入"选项卡→"⬇"载入族,添加本地库中的"车辆"等。

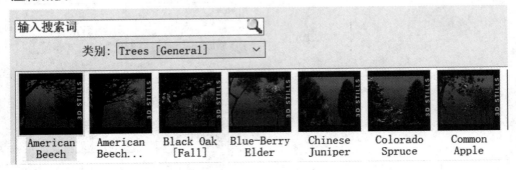

图 7-23　渲染外观库

3. 关于 RPC 对象渲染的外观属性

交通工具中的 RPC 属性如表 7-1 所示。

表 7-1　汽车属性

属　性	说　明
常　规	
投射反射	渲染图像是否在其他表面(如玻璃)上显示交通工具的反转的镜像反射。清除此选项时,渲染图像会在反射表面中显示一个重复图像,而不是反转的镜像反射
玻　璃	
透明度	有多少灯光通过交通工具窗使用滑块来指定更少透明度
着色	会在交通工具窗中混合多少黑色来为它们着色,从而降低内部细节的可见性
使用着色	是否为交通工具窗着色
自　定　义	
牌照	交通工具是否显示牌照
自定义牌照	牌照是否使用自定义图像
牌照文件名	用于自定义牌照的图像的路径和文件名。单击 ▢(浏览)定位到该文件

植物中的 RPC 属性如表 7-2 所示。

表 7-2　植物属性

属　　性	说　　明
参　　数	
投射反射	渲染图像是否在其他表面(如玻璃)上显示植物的反转镜像反射。清除此选项时，渲染图像会在反射表面中显示一个重复图像，而不是反转的镜像反射
视　　图	
锁定视图	不管在漫游中的查看方向如何，是否对植物使用单个图像。要锁定视图，请选择此选项，然后指定要使用的视图。 关闭此选项后，在漫游时，随着相机在植物周围移动，植物图像也会根据相机位置发生变化。如果在漫游中使用 RPC 静物内容，则植物看上去像是随着相机的移动而发生跳跃，图像也随之更新。 此属性仅适用于渲染漫游中的 RPC 内容

人物中的 RPC 属性如表 7-3 所示

表 7-3　人物属性

属　　性	说　　明
投射反射	渲染图像是否在其他表面(如玻璃)上显示人的反转的镜像反射。清除此选项时，渲染图像会在反射表面中显示一个重复图像，而不是反转的镜像反射
抖动	在漫游中，是否控制帧之间的过渡。在相机相当接近于 RPC 内容，或者相机缓慢围绕此内容移动，或者在这两种情况下，使用此选项。在漫游期间，此选项可产生更平滑流畅的外观。但是，它会导致 RPC 内容在静物图像中显示模糊。关闭此选项后可以注意到，在漫游中，图像会发生微小的跳动或上下抖动。 此属性仅适用于渲染漫游中的 RPC 内容
公告牌	是否将 RPC 内容锁定到固定图像。在漫游中，随着相机围绕 RPC 内容旋转，图像不会更新，但继续面向活动的相机。在渲染过程中，此选项可以大大减少 RAM 的使用量和渲染时间。 此属性仅适用于渲染漫游中的 RPC 内容
运动：对于动画 RPC 内容，可以指定要在渲染图像中使用的帧	
使用指定帧	是否在渲染图像中使用指定帧
帧	要在渲染图像中使用的帧

技能训练习题

完成一个 200 m × 200 m 场地，如图 7-24 所示，并设置草皮为百慕大草，如图 7-25 所示。

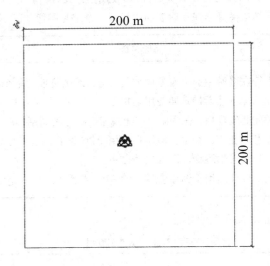

图 7-24　场地

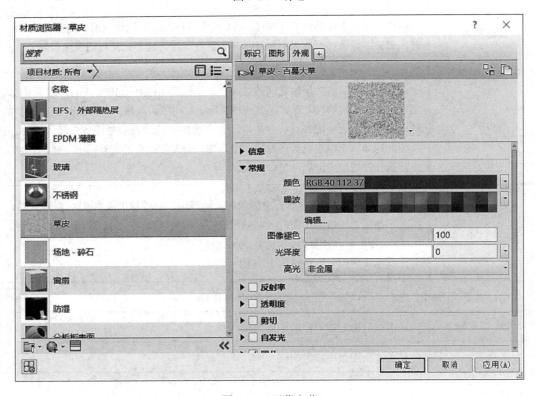

图 7-25　百慕大草

项 目 小 结

本项目主要介绍了基于 Revit 平台进行场地创建及构件渲染，将二维平面空间转换为三维仿真场景，使工程更模型化、形象化，更加符合现代化工程建设的思路。

技 能 考 核

根据完成情况给予考核，技能考核表如表 7-4 所示。

表 7-4　技能考核表

班级		姓名		扣分记录	得分
项目	考核要求	分值	评分细则		
地形表面	完成地形表面的设置	30 分	(1) 不能放置地形表面扣 10 分 (2) 不能修改地形表面扣 10 分 (3) 不能设置等高线扣 10 分		
场地设置	完成道路、地坪等设置	40 分	(1) 不能拆分、合并表面扣 10 分 (2) 不能分割子面域扣 10 分 (3) 不能放置建筑地坪扣 10 分 (4) 不能绘制建筑红线扣 10 分		
RPC 构件	完成构件放置及绘制	30 分	(1) 不能放置场地构件扣 10 分 (2) 不能创建 RPC 族扣 10 分 (3) 不能渲染 RPC 族扣 10 分		

实训项目八　建筑表现

建筑表现是研究设计方案、表现设计构思的手段。在 Revit 中，不仅能输出相关平面的文档及表格数据，还可以利用 Revit 的表现功能，对模型进行建筑表现与展示。

 项目分析

本项目主要介绍如何在 Revit 中进行建筑表现中的日光设置并创建任意的相机及漫游视图。

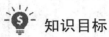 **知识目标**

(1) 了解 Revit 建筑表现的方式。
(2) 熟悉 Revit 中视图渲染及漫游动画的制作。

 能力目标

(1) 掌握相关日光应用及其设置。
(2) 完成模型漫游动画及相机视图的添加。
(3) 使用视觉样式并能掌握相关设置。

任务一　日光与阴影设置

任务目标

对于建筑表现而言，外部光环境对整个建筑室内外环境的影响具有重要的意义，使用"日光与阴影"工具在项目中设置建筑表现中的日光与阴影。

知识链接

Revit 可对建筑日光进行相应的分析，让建筑师准确地把握整个项目的光影环境情况，从而对项目做出最优的、最理性的判断。Revit 提供了模拟自然环境日照的阴影及日光设置功能，用于在视图中真实地反映外部自然光和阴影对室内外空间和场地的影响，同时这种日光显示还可以动态输出。

在 Revit 中，可以对项目进行静态的阴影展示，亦可以模拟在指定的时间范围内阴影的动态变化。由于项目所在的地理位置、项目朝向、日期与时刻均会影响阴影的状态，因此在 Revit 中进行日光分析必须先确定项目的地理位置和朝向。要确定项目的位置和朝向，必须确定项目朝向的两个概念：正北和项目北。

楼层平面视图的顶部默认定义为项目北，项目北与建筑物的实际地理方位没有关系，只是在绘图时的一个视图方位。正北指项目的真实地理方位朝向。

在 Revit 中进行日光分析时，是以项目的真实地理位置作为基础，因此需要对 Revit 中的建筑物指定地理方位，即指定项目的"正北"，如图 8-1 所示。在视图"属性"面板中，可以指定当前视图显示为"正北"方向还是"项目北"方向。通过该选项，可以在项目北与正北间进行切换。

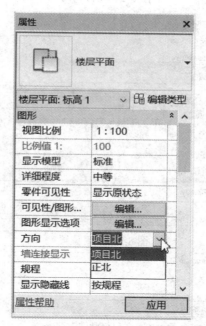

图 8-1　项目朝向

一、项目位置设置

Revit 提供"地点"工具，用于设置项目的地理位置。打开任意 Revit 项目文件，切换至场地楼层平面图，单击"管理"选项卡→"地点"→进入"位置、气候和场地"→"位置"，如图 8-2 所示。在"定义位置依据"中选择"Internet 映射服务"，在连接互联网的情况下将显示微软 Bing 地图，在"项目地址"栏搜索具体的地理位置。这里以重庆市为例，完成后单击"确定"，如图 8-3 所示。另外，可在"定义位置依据"中选择所在城市，如图 8-4 所示。

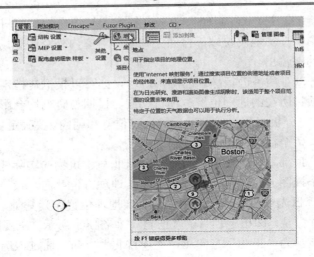

图 8-2　项目朝向

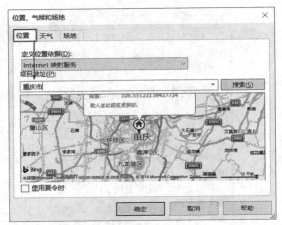

图 8-3　项目位置

图 8-4　默认城市

　　进入当前项目属性中设置项目朝向为正北，由于当前项目正北与项目北方向相同，因此视图显示并未发生变化。另外，可以单击"管理"选项卡，在"位置"下拉菜单中单击"旋转正北"命令，还可以直接在选项文本框中输入一个值作为旋转角度，如图 8-5、图8-6 和图 8-7 所示。

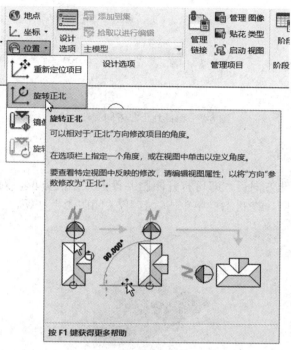

图 8-5　位置旋转

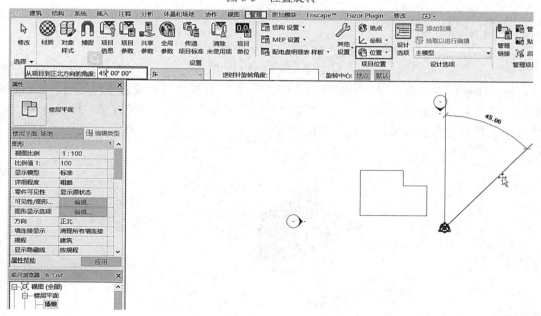

图 8-6　项目到正北方向的角度

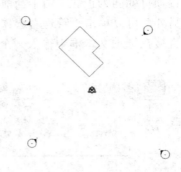

图 8-7　项目到正北方向旋转 45°

二、日光及阴影设置

设置了建筑的正北方向后，即可打开阴影并设置太阳的方位，为日光分析做进一步的准备。切换至三维视图，在状态栏中单击"打开/关闭阴影"按钮，如图 8-8 所示。

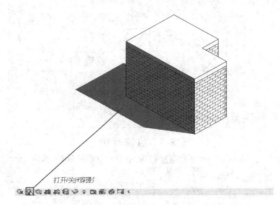

图 8-8　打开及关闭阴影

在三维视图下，单击视图控制栏的"日光设置"，打开"日光设置"对话框，如图 8-9所示。可以为项目设置太阳的位置，单击"确定"按钮两次返回三维视图，按设置的日光位置和正北的方向投射阴影，如图 8-10 所示。

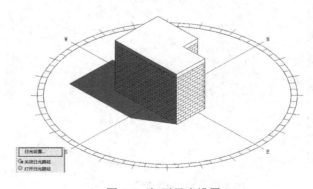

图 8-9　打开日光设置

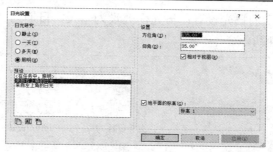

图 8-10   日光设置(1)

Revit 提供了两种设置日光的方法：一是通过指定太阳方位角和高度来确定，二是根据项目所在的地点(经纬度)和时间来自动设置太阳的方位，如图 8-11 所示。

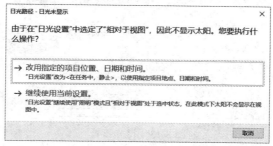

图 8-11   日光设置(2)

 技能训练习题

1. 打开先前所建立的项目模型，将场地属性中方向更改为正北，并将所在位置更改为四川省成都市，如图 8-12 所示。

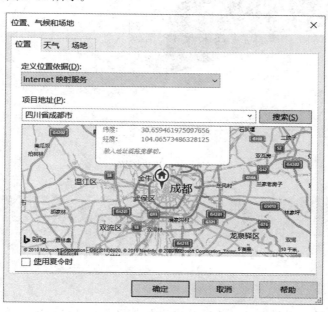

图 8-12   更改位置

2. 完成图 8-12 所示的日光设置：日光研究设为一天，日期为当天，如图 8-13 所示。并打开阴影，如图 8-14 所示。

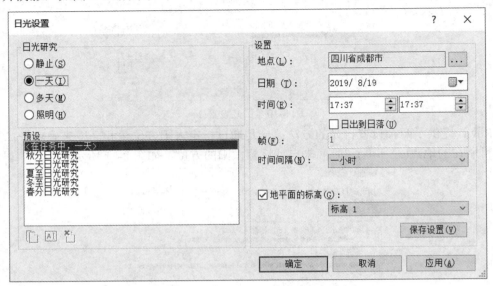

图 8-13　日光设置

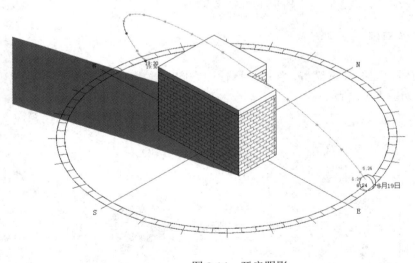

图 8-14　开启阴影

任务二　创建相机与漫游

任务目标

使用"相机"及"漫游"工具在项目中添加各视角的相机视图，并通过创建漫游路径生成动态三维漫游视图。

知识链接

　　过去，房产没有建成时无法进行实景拍摄，现如今利用电脑虚拟数字技术，通过房地产广告片即可表达开发商的诉求。在房地产动画中利用电脑制作中随意可调的相机镜头，可进行鸟瞰、俯视、穿梭、长距离等任意游览，提升建筑物的气势。Revit 提供了相机工具，用于创建任意的静态相机视图。本任务将继续以先前的项目为例，介绍如何在 Revit 中创建相机视图与生成漫游视图。

一、创建相机视图

　　创建相机视图的基本指令顺序为："视图"→"三维视图"→"相机"→选择相机位置→选择目标位置，如图 8-15 和图 8-16 所示。选择目标位置后产生该角度的三维视图，如图 8-17 所示。另外，可在项目浏览器中展开三维视图，选择底部的三维视图，然后单击鼠标右键，在弹出的列表中选择"显示相机"，当前楼层平面视图中将再次显示相机，如图 8-18 所示。可在相机视图属性中设定视点高度及目标高度，如图 8-19 所示。

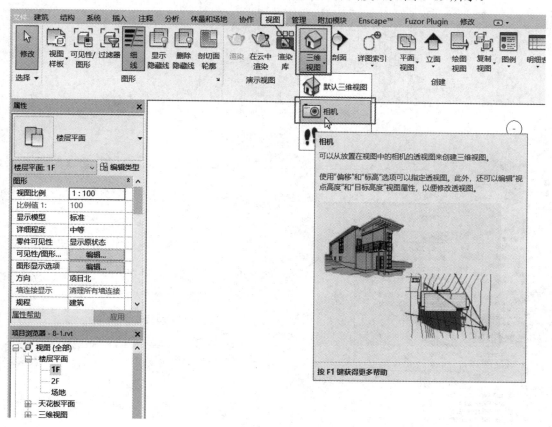

图 8-15　创建相机

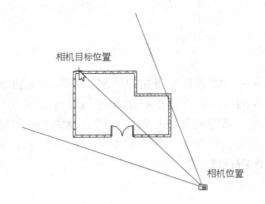

图 8-16　相机位置

图 8-17　三维相机视图

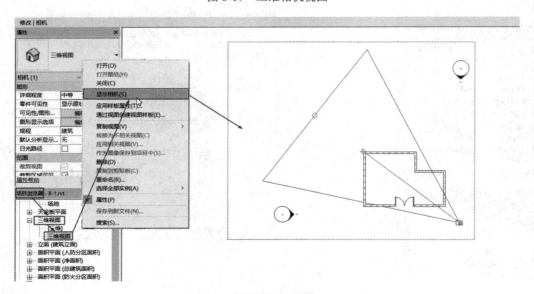

图 8-18　三维相机显示

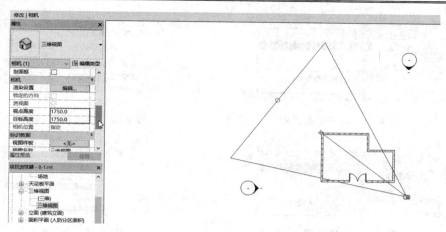

图 8-19 视点高度及目标高度

二、视图渲染

视图渲染的基本指令顺序为："视图"→"渲染"→"渲染设定"→"渲染"，如图 8-20 所示。先设定质量，一般依照自己的电脑配置来选择，建议刚开始选择较低质量，如图 8-21 所示。再进行输出设置，如要求高画质打印建议选择打印机分辨率，如图 8-22 所示。然后进行照明设置，其中可选择多种方案，要注意的是自然光及人造光的合理性，如图 8-23 所示。接着进行背景设置，如图 8-24 所示。最后进行图像设置，图像设置一般在渲染后可以进行调整，调整方式与影像处理软件类似，如图 8-25 所示。如欲将渲染的图像保存至项目中，可以单击图像中的"保存到项目中"或导出成图片文件，如图 8-26 和图 8-27 所示。

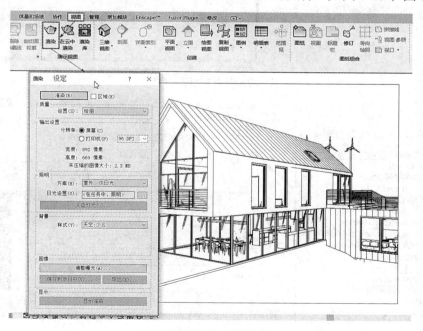

图 8-20 视图渲染

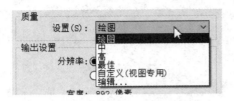

图 8-21　渲染质量设定

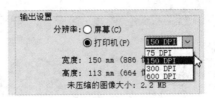

图 8-22　输出设置

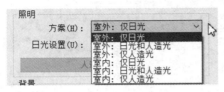

图 8-23　照明设置

图 8-24　背景设置

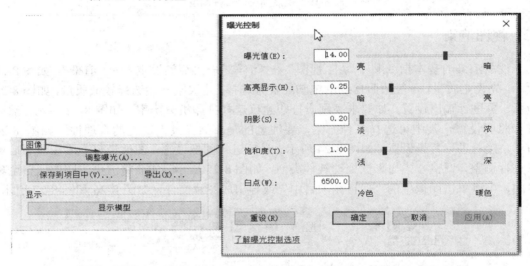

图 8-25　图像之曝光控制

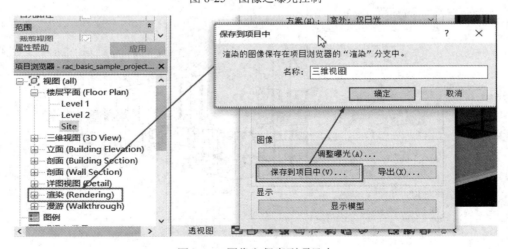

图 8-26　图像之保存到项目中

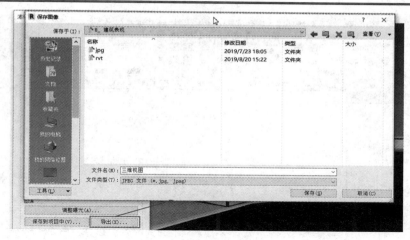

图 8-27　图像之导出

三、漫游动画添加

在 Revit 中，除了使用相机外，还可在项目中添加动态漫游动画。其基本指令顺序为："视图"→"三维视图"→"漫游"→绘制漫游路径→完成漫游，如图 8-28、图 8-29 和图 8-30 所示。先在项目浏览器中展开三维视图，选择底部的三维视图，然后单击鼠标右键，在弹出的列表中选择"显示相机"，当前楼层平面视图中将再次显示相机。选取路径后，可使用"编辑漫游"对先前所完成的漫游路径进行编辑，如图 8-31 所示。通过"上一关键帧"或"下一关键帧"进行相机切换，如图 8-32 所示。远裁剪框可以控制相机视图深度，离目标位置越远，场景中可见的对象就越多，完成编辑后可单击"打开漫游"及"播放"进行漫游观看，如图 8-33 和图 8-34 所示。

图 8-28　漫游

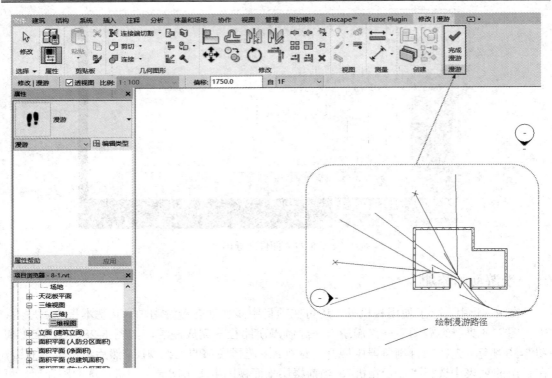

图 8-29　绘制路径及完成漫游(1)

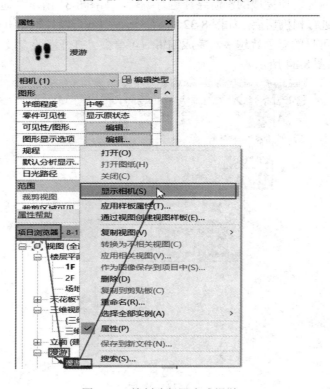

图 8-30　绘制路径及完成漫游(2)

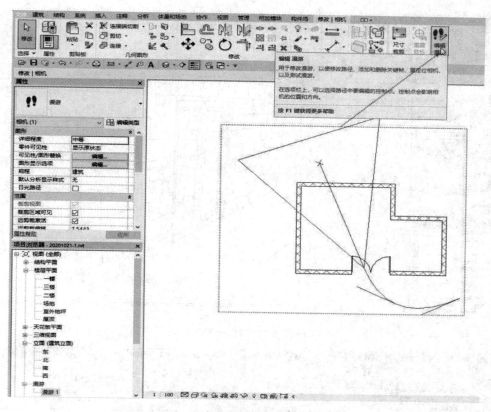

图 8-31 选择路径及编辑漫游

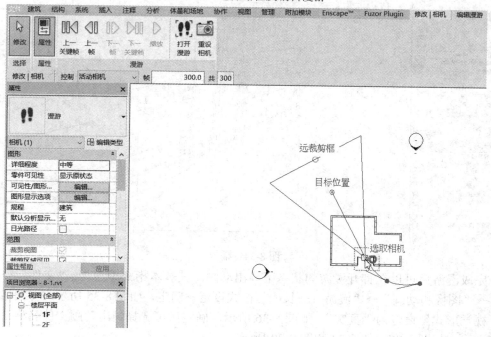

图 8-32 选择相机及编辑

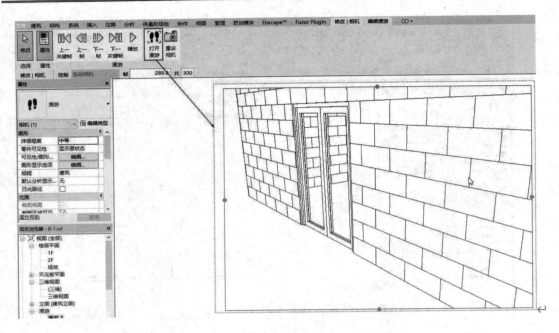

图 8-33　打开漫游

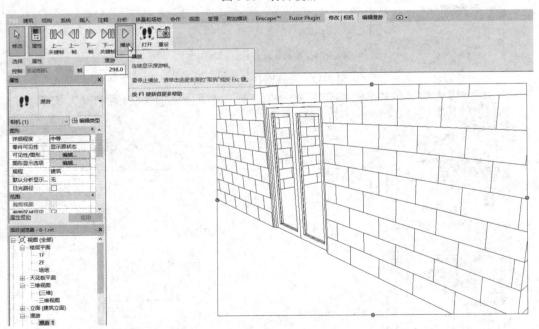

图 8-34　播放

完成漫游后可以在打开漫游的状态下导出动画。其基本指令顺序为："文件"→"导出"→"图像和动画"→"漫游"→长度与格式设定→确定，如图 8-35 所示。可在格式中将"视觉形式"设定为"真实"，如图 8-36 所示。确定后可选择导出动画文件名称及视频压缩方式，如图 8-37、图 8-38 和图 8-39 所示。

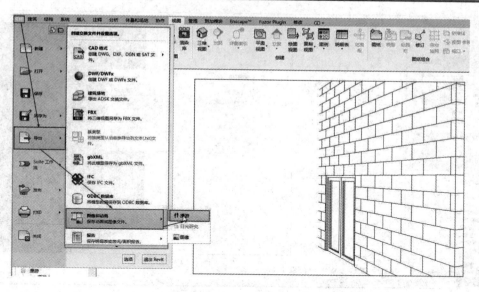

图 8-35　漫游导出

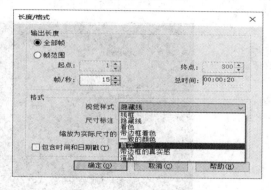

图 8-36　长度及格式设定

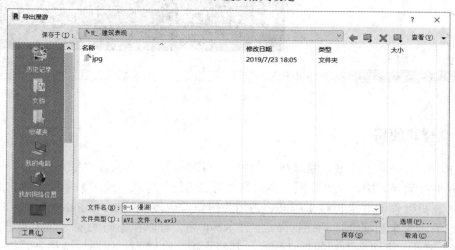

图 8-37　漫游文件命名

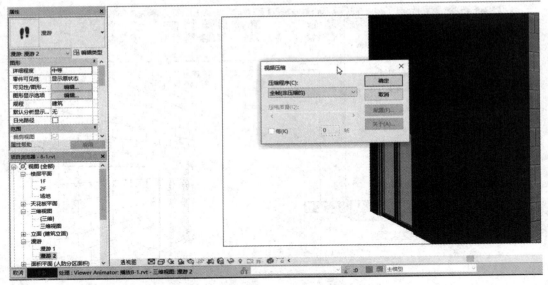

图 8-38　视频压缩

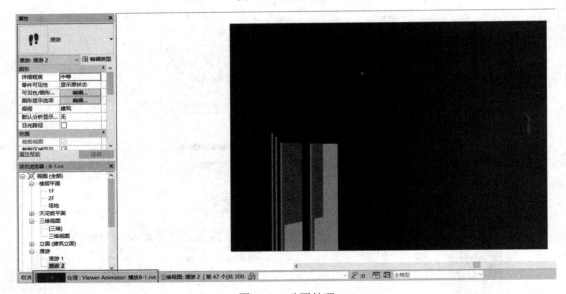

图 8-39　动画处理

四、视觉样式使用

在 Revit 中提供了线框、隐藏线、着色、一致的颜色、真实及光线追踪共六种视觉样式。这六种视觉样式中，从"线框"样式到"光线追踪"样式，视图显示效果越来越真实，但是对计算机硬件的要求也越来越高，占用系统资源也逐级增加。因此，在实际工作中可根据自己的需求来选择合适的视觉样式。在 Revit 中，可以在不同的视觉样式间进行切换，如图 8-40 所示。可切换不同的视觉样式，其基本指令顺序为：视图控制栏→"视觉样式"→选择视觉样式→完成。

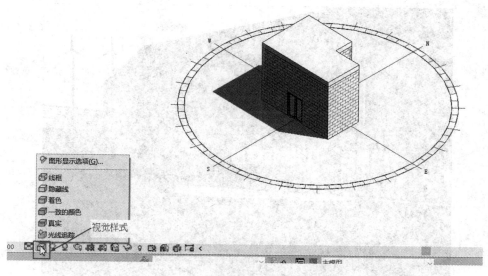

图 8-40　视觉样式

 技能训练习题

1. 打开软件自带的范例模型，完成图 8-41 所示的相机视点绘制，相机高 1700 mm，选择真实视觉样式，如图 8-42 所示。

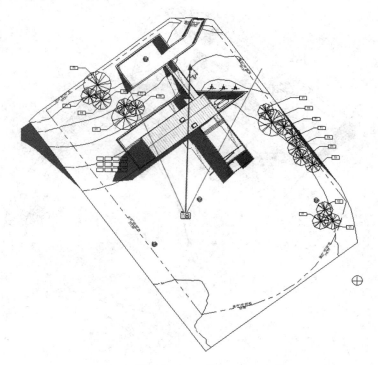

图 8-41　相机视点绘制

图 8-42　真实视觉样式

2. 打开软件自带的范例模型，完成漫游路径绘制，即室外至室内再至室外，相机高 1750 mm，选择真实视觉样式，并完成漫游动画文件，如图 8-43 所示。

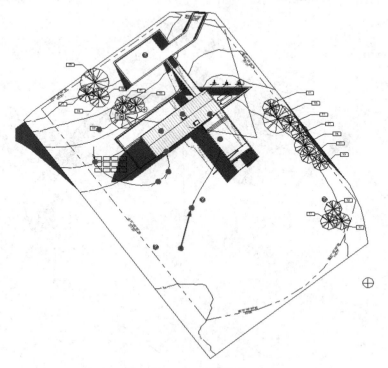

图 8-43　漫游路径

项 目 小 结

本项目介绍在 Revit 项目场景中如何创建三维视图及漫游动画，并设定视觉样式，通过创建相机视图来表达使用者特定的视角，同时可使用漫游的方式，在项目场景中创建一段完整的建筑漫游动画。

技 能 考 核

根据完成情况给予考核，技能考核表如表 8-1 所示。

表 8-1　技能考核表

班级			姓名		扣分记录	得分
项目	考核要求	分值		评分细则		
相机设定	能完成相机设定	10 分		(1) 不能理解相机设定概念扣 5 分 (2) 不能使用相机指令创建三维视图扣 5 分		
视图渲染	能完成视图渲染	30 分		(1) 不能理解视图渲染设定概念扣 10 分 (2) 不能完成户外日间视图渲染扣 10 分 (3) 不能完成户外夜间视图渲染扣 10 分		
漫游路径绘制	能正确绘制漫游路径	10 分		(1) 不能理解漫游路径基本概念扣 5 分 (2) 不能使用漫游路径绘制扣 5 分		
漫游动画制作	能完成漫游动画制作	30 分		(1) 不能理解漫游动画概念扣 10 分 (2) 不能完成漫游动画制作扣 10 分 (3) 不能输出漫游动画文件扣 10 分		
视觉样式设定	能正确设定视觉样式	20 分		(1) 不能理解视觉样式设定扣 10 分 (2) 不能设定视觉样式扣 10 分		

实训项目九　明细表及图纸创建

Revit 能创建明细表及图纸，创建项目过程中，可在项目样板中包含图纸，更高效率地完成建筑图纸。

 项目分析

创建项目过程中，利用明细表统计功能，可统计项目中各图元对象的数量、材质、视图列表等信息。

 知识目标

了解明细表和图纸创建。

 能力目标

(1) 掌握明细表创建。
(2) 掌握图纸创建。

任务一　明细表创建

任务目标

使用"明细表"工具在项目中创建各类别的明细表。

知识链接

利用明细表统计功能，可以统计项目中各图元对象的数量、材质、视图列表等信息，可以通过设置"计算值"功能在明细表中进行数值运算。在明细表中，数据与项目信息实时关联，是 BIM 数据综合利用的体现。因此，在 Revit 中进行项目设计时需制定和规划各类信息的命名规则，如材质的命名规则等，以便在项目的不同阶段实现信息共享和统计。

一、明细表创建

可以根据需要定义任意形式的明细表，在"视图"选项卡的"创建"面板中单击"明细表"工具下拉按钮，如图 9-1 所示。在弹出的列表中选择"明细表/数量"工具，弹出"新建明细表"对话框，如图 9-2 所示。在"类别"列表中选择"窗"对象类型，即本明细表将统计项目中"窗"对象类别图元信息。然后单击"确定"按钮，打开"明细表属性"对话框，可设定"字段""过滤器"(如图 9-3 所示)、"排序/成组"(如图 9-4 所示)、"格式"(如图 9-5 所示)和"外观"(如图 9-6 所示)选项卡，创建完成后可选择项目浏览器中的明细表，单击"属性"中的"编辑"，可再次进行明细表属性设定，如图 9-7 所示。

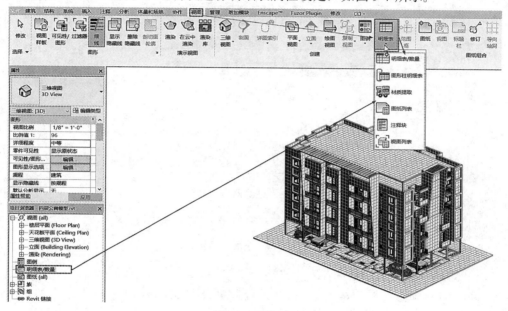

图 9-1　明细表

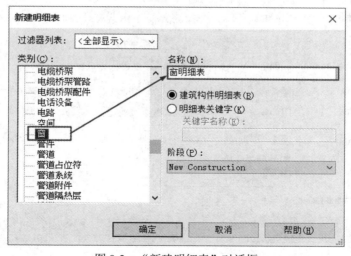

图 9-2　"新建明细表"对话框

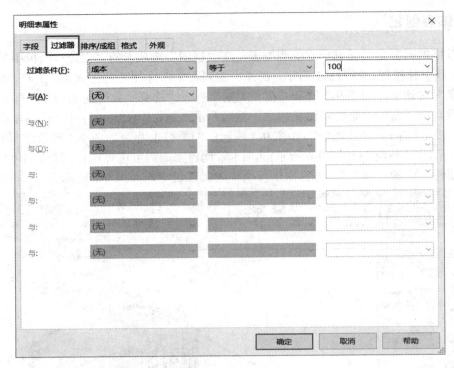

图 9-3　"过滤器"选项卡

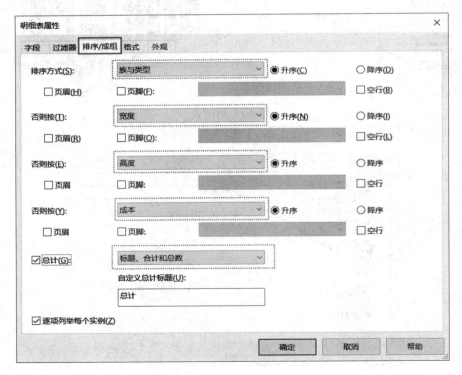

图 9-4　"排序/成组"选项卡

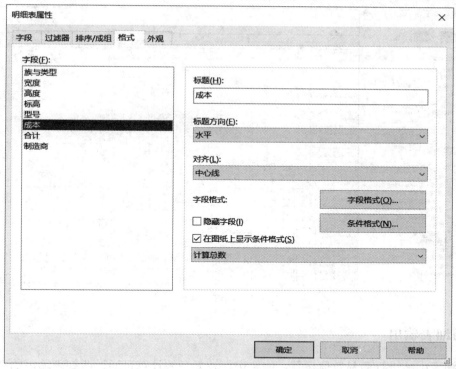

图 9-5　"格式"选项卡

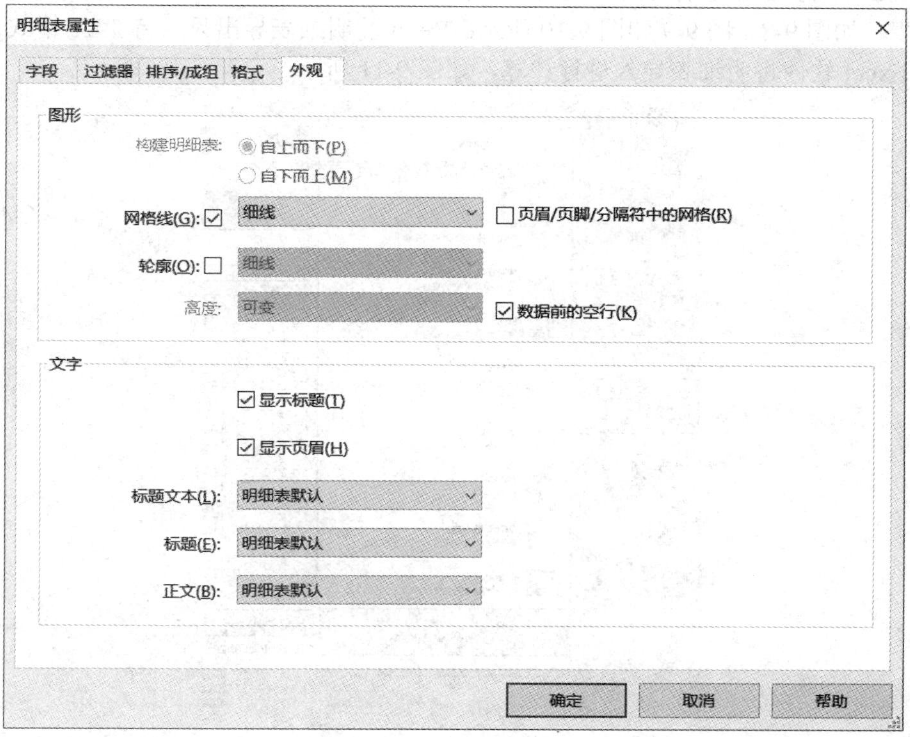

图 9-6　"外观"选项卡

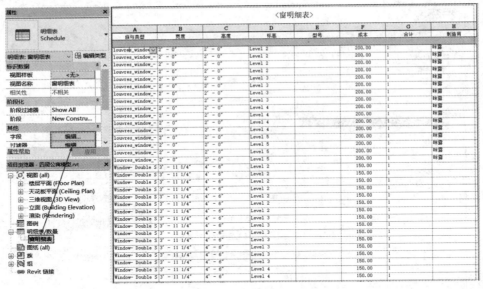

图 9-7　明细表编辑

二、明细表输出

明细表中能进行简易数值运算，如要进行较复杂的计算可通过明细表输出的功能，后续配合 Excel 试算表来进行运算。选择"文件"→"导出"→"报告"→"明细表"，可导出明细表，如图 9-8、图 9-9 和图 9-10 所示。Revit 的明细表导出只支持 TXT 格式。另外，可通过 Excel 软件将明细表导入进行计算，如图 9-11 所示。

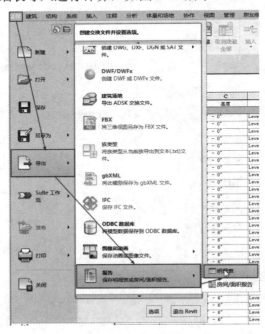

图 9-8　明细表导出

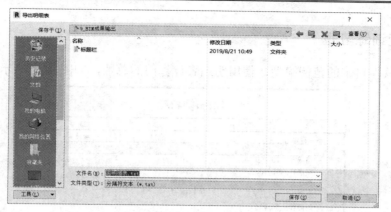

图 9-9 导出文件

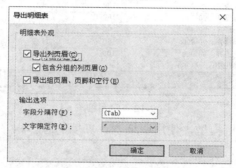

图 9-10 输出选项

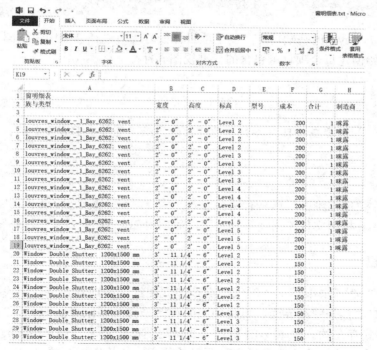

图 9-11 导入 Excel

技能训练习题

1. 打开软件自带的范例模型，使用明细表计算门的总数，如图 9-12 所示。

A	B	C	D
\<门明细表\>			
族与类型	宽度	高度	合计
单扇 – 与墙齐: 70 700		2100	1
单扇 – 与墙齐: 90 900		2100	1
单扇 – 与墙齐: 90 900		2100	1
单扇 – 与墙齐: 90 900		2100	1
单扇 – 与墙齐: 90 900		2100	1
单扇 – 与墙齐: 90 900		2100	1
单扇 – 与墙齐: 90 900		2100	1
单扇 – 与墙齐: 90 900		2100	1
单扇 – 与墙齐: 90 900		2100	1
单扇 – 与墙齐: 90 900		2100	1
单扇 – 与墙齐: 90 900		2100	1
双面嵌板玻璃门: c 1350		1800	1
总计: 12			12

图 9-12　门明细表

2. 打开软件自带的范例模型，使用明细表计算墙的总体积。

任务二　图纸创建

图纸创建是 Revit 的基础功能，创建项目样板时，可以在样板中包含图纸，从一个空白项目文件开始创建每个项目可包含的标准视图和标高。

任务目标

使用"图纸"工具在项目中添加各种样式的图纸，并导出 DWG 图纸。

知识链接

在 Revit 中生成二维图纸通常有两种方式：第一，完全基于 Revit 模型文件生成图纸；第二，基于 Revit 模型文件绘出建筑物轮廓，后期用 2D 线样式及文字注释等加以说明。

一、图纸创建

在"视图"选项卡中单击"图纸"命令建立图纸，在项目预览器中找到已经创建好的"图纸"，双击打开图纸界面，再将相应的视图拖移至图纸界面即可。Revit 里面的图框是以族的方式存在的。如图 9-13 所示，要调用图框，必须先载入相应的族文件。图框往往需要一定程度的修改才能满足实际项目的要求，其基本指令顺序为："视图"→"图纸"→"新建图纸"，如图 9-14 所示。在新建图纸时，除使用软件自带的图纸外，还能够载入自建的图纸，如图 9-15 所示。

A0 公制.rfa	2017/4/4 23:50	Autodesk Revit 族
A1 公制.rfa	2017/4/4 23:50	Autodesk Revit 族
A2 公制.rfa	2017/4/4 23:50	Autodesk Revit 族
A3 公制.rfa	2017/4/4 23:50	Autodesk Revit 族
修改通知单.rfa	2017/4/4 23:50	Autodesk Revit 族

图 9-13　图纸族

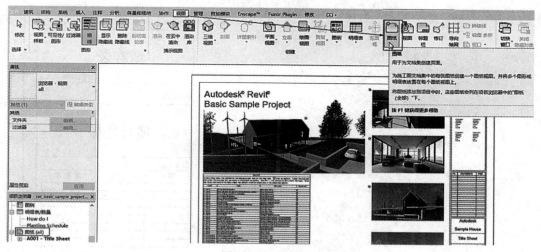

图 9-14　图纸创建

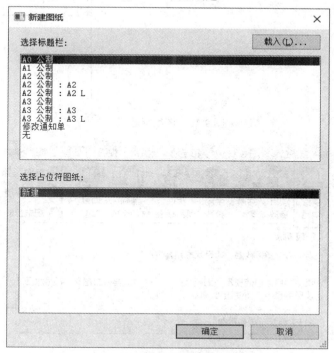

图 9-15　新建图纸

　　在图纸的标题栏中可输入信息，如图 9-16 所示。标题栏通常显示有关项目的信息及有关各图纸的信息，如图 9-17 所示。可在"项目信息"对话框中进行填写，如图 9-18 所示。亦可直接在图纸标题框内进行修改，如图 9-19 所示。可在图纸中添加建筑的一个或多个视图，包括楼层平面视图、场地平面视图以及天花板平面视图、立面视图、三维视图、剖面视图、详图视图、绘图视图和渲染视图等，但每个视图只能放置于一张图纸上，如图 9-20 所示。可依照需求完成图纸，如图 9-21 所示。

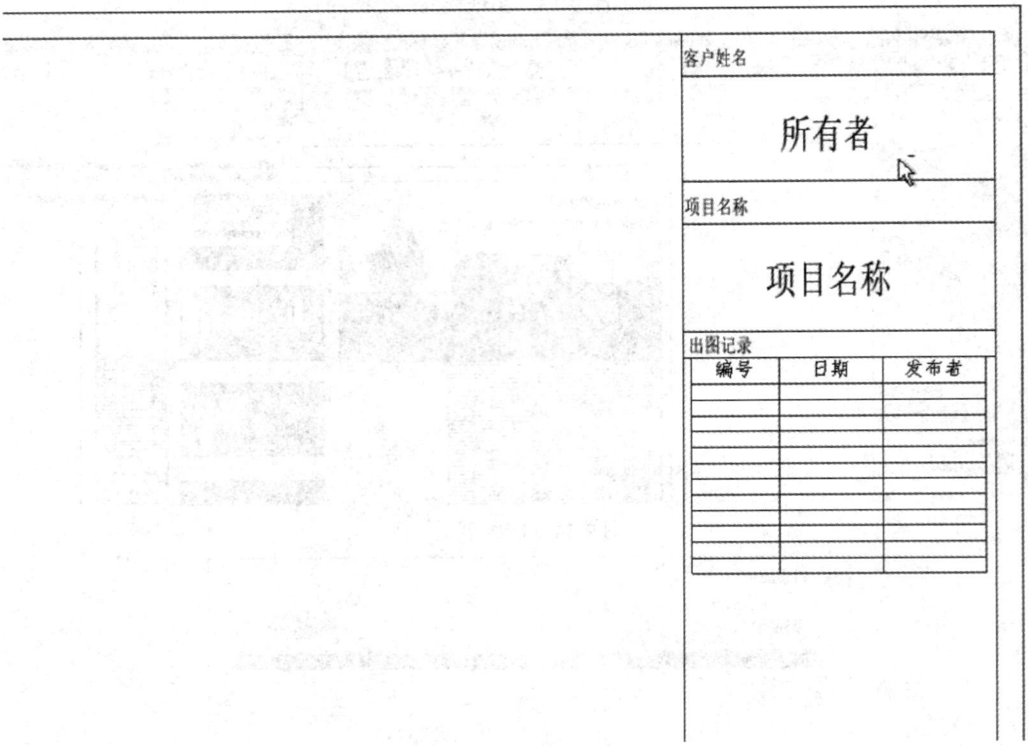

图 9-16　图纸标题栏

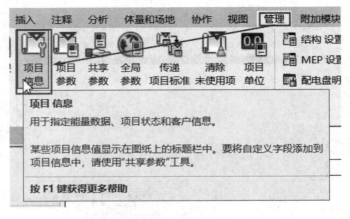

图 9-17　图纸项目信息

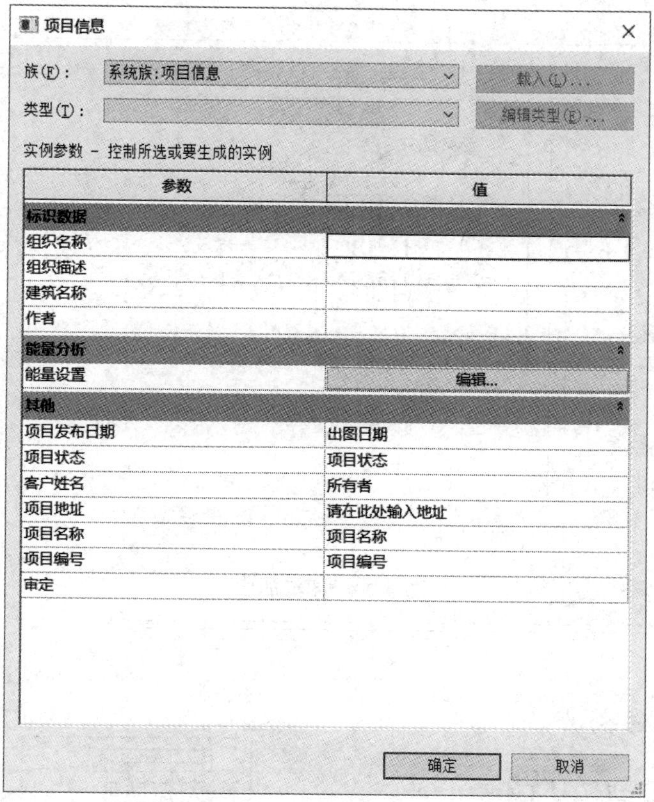

图 9-18　项目信息输入

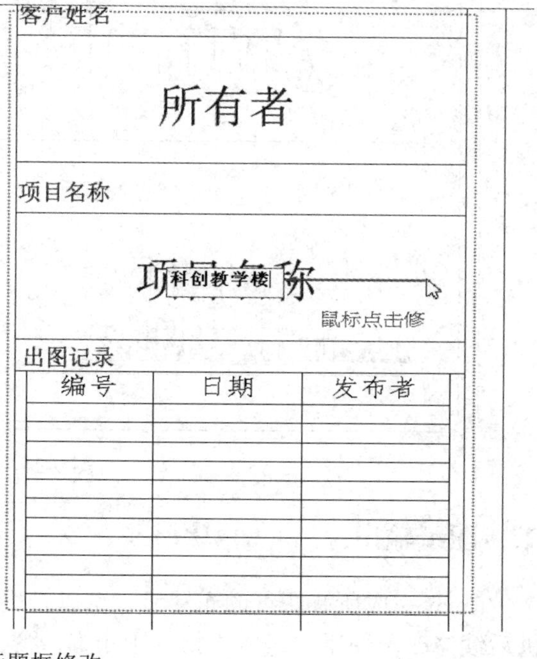

图 9-19　标题框修改

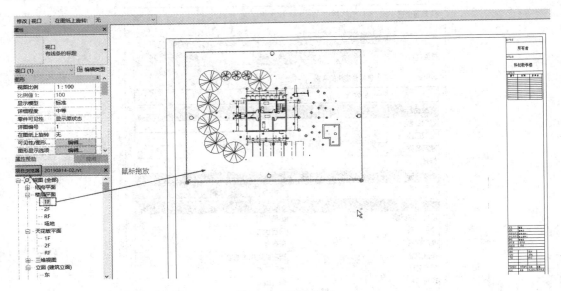

图 9-20　图纸放置

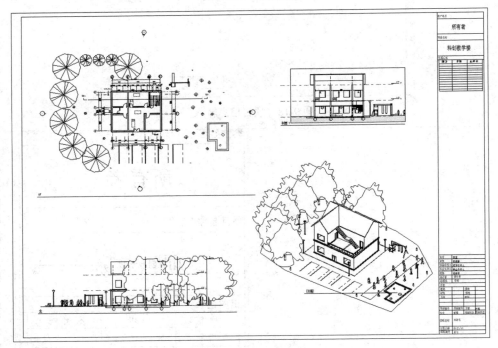

图 9-21　图纸完成

二、图纸输出

Revit 完成所有图纸的布置后，可以将生成的文件导出成 DWG 格式的 CAD 文件，以供后续修改及使用。其基本指令顺序为："文件"→"导出"→"CAD 格式"→选择格式→完成，如图 9-22 所示。导出过程必须进行图纸设置，如图 9-23 所示。完成设置后需进行图纸命名，如图 9-24 所示。然后完成 DWG 输出，如图 9-25 所示。

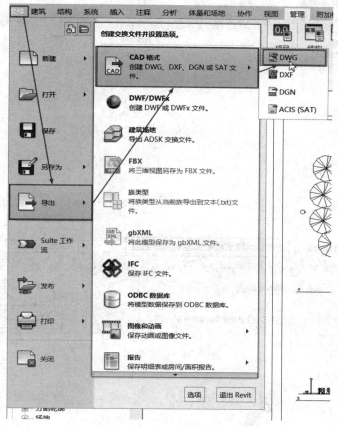

图 9-22　图纸导出

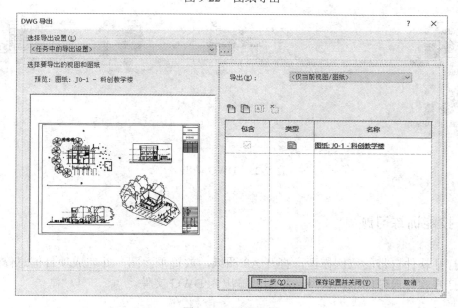

图 9-23　图纸设置

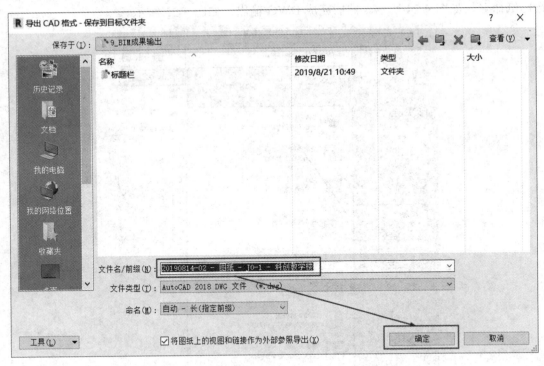

图 9-24　图纸命名

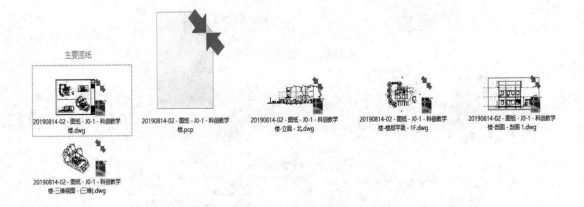

图 9-25　DWG 输出

 技能训练习题

1. 打开软件自带的范例模型，打开 A0 图纸，放置平面图，并完成项目信息修改。
2. 打开软件自带的范例模型，将图纸输出为 DWG 文件。

项 目 小 结

通过本项目的学习，了解明细表创建与输出，并掌握图纸创建与 DWG 输出。

技 能 考 核

根据完成情况给予考核，技能考核表如表 9-1 所示。

表 9-1　技能考核表

班级		姓名			扣分记录	得分
项目	考核要求	分值	评分细则			
明细表创建	能创建明细表	30 分	(1) 不能理解明细表基本概念扣 10 分 (2) 不能使用明细表创建指令扣 20 分			
明细表输出	能完成明细表输出	20 分	(1) 不能理解明细表输出基本概念扣 10 分 (2) 不能使用明细表输出指令扣 10 分			
图纸创建	能完成图纸创建	40 分	(1) 不能理解创建图纸基本概念扣 20 分 (2) 不能修改图纸项目信息扣 20 分			
图纸输出	能完成图纸输出	10 分	(1) 不能理解图纸输出基本概念扣 5 分 (2) 不能使用图纸输出指令扣 5 分			

实训项目十　项目实例模型创建

 项目分析

　　本部分将以一个实际项目为例，对项目准备，柱、墙、门、窗及楼板创建，屋顶及楼梯创建，场地布置，渲染、漫游及图纸输出进行完整的介绍。

 知识目标

　　了解前面各部分操作，并能进行 Revit 项目案例制作。

 能力目标

　　掌握 Revit 项目案例创建，能应用软件功能。

任务一　项 目 准 备

　　Revit 软件使用的项目格式有四种：项目的后缀名是.rvt，项目样板的后缀名是.rte，族的后缀名是.rfa，族样板的后缀名是.rft。在项目的开始，需要选定合适的项目样板，本任务选择软件自带建筑项目样板，选择新建项目，在其中选择"建筑样板"，如图 10-1 所示。单击"确定"按钮，即可开始项目的正式创建，项目建模流程大致如图 10-2 所示。

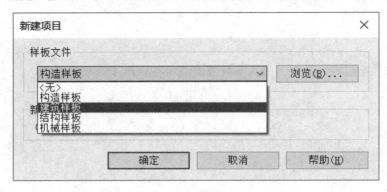

图 10-1　新建项目

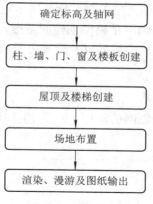

图 10-2　建模流程

 技能训练习题

根据图 10-3 所示的别墅建筑模型叙述建模流程与过程中所需的构件。

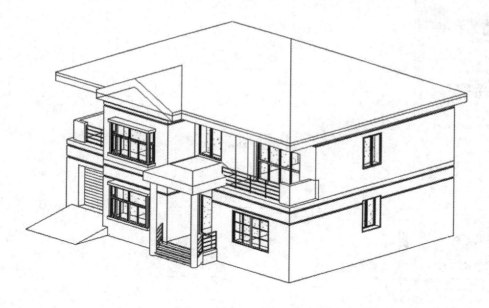

图 10-3　别墅建筑模型

任务二　绘制标高和轴网

知识链接

标高是一个有限水平平面，一般用作屋顶、楼板及天花板等以标高为主体的图元的参照，以及用于确定模型主体之间的定位关系。标高用于定义楼层层高及生成平面视图，但标高并不是必须作为楼层层高。轴网是模型创建的基准，用于定位柱及墙体。Revit 软件中，轴网确定了一个工作平面，轴网编号以及标高符号的样式均可以修改。

一、绘制标高

项目建置一般采取先标高后轴网的流程，如图 10-4 所示。选择立面，开始进行标高创建及修改，如图 10-5 所示。

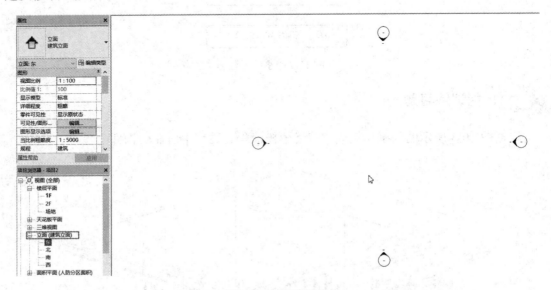

图 10-4　建模流程

图 10-5　标高创建

二、绘制轴网

完成标高后回到 1F 平面图中创建轴网。在 Revit 中，轴网只需要在任意一个平面视图中绘制一次，其他平面视图和立面视图、剖面视图中都将自动显示，具体完成如图 10-6 所示。

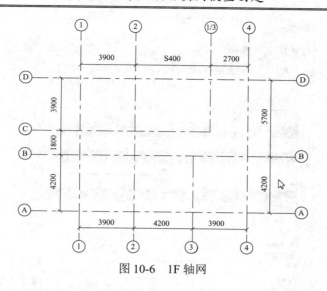

图 10-6　1F 轴网

任务三　柱及墙的绘制

一、柱选择及设置

标高和轴网创建完成，开始进行柱及墙绘制，平面视图、立面视图和三维视图上都可以创建结构柱，如图 10-7 所示。但建筑柱仅能在平面视图和三维视图上绘制。在 Revit 中，建筑柱和结构柱最大的区别就在于建筑柱可以自动继承其连接到的墙体等其他构件的材质，而结构柱的截面和墙的截面是各自独立的。项目对尺寸 400 mm 的方柱进行修改，修改完成如图 10-8 所示。

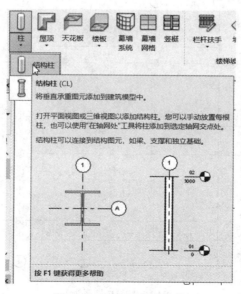

图 10-7　建筑柱和结构柱

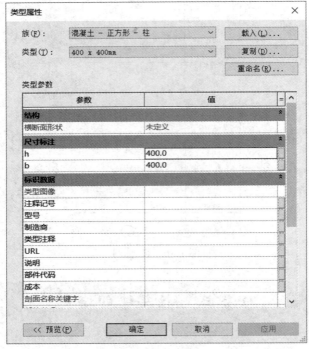

图 10-8　结构柱尺寸修改

二、各楼层柱绘制

项目中各楼层柱可以参照先前所完成的轴网相交处进行放置，过程中再针对各楼层柱位进行调整，绘制完成如图 10-9 和图 10-10 所示。

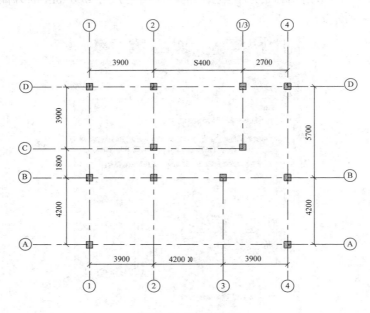

图 10-9　1F 柱绘制

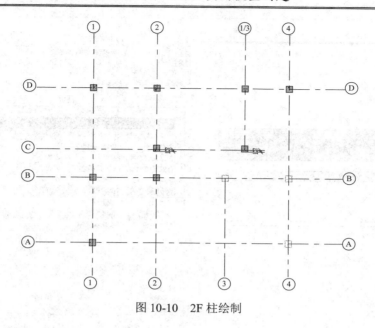

图 10-10　2F 柱绘制

三、墙属性设置

在墙的属性面板中，可对项目的墙类型进行修改。修改墙结构参数，如图 10-10、图 10-11 和图 10-12 所示。

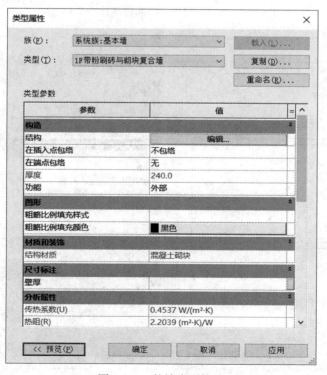

图 10-11　外墙类型修改

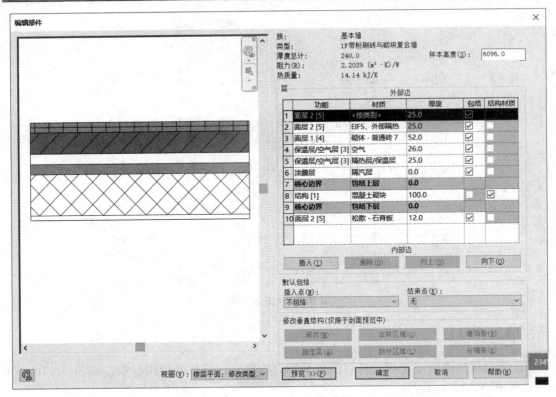

图 10-12　外墙编辑部件

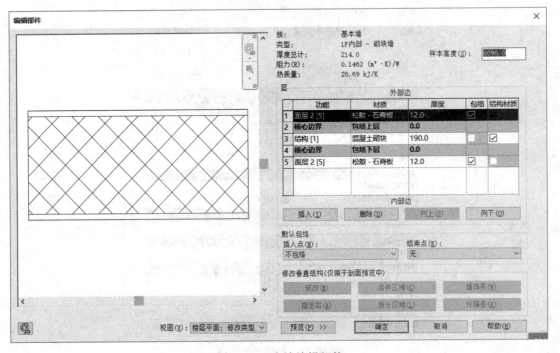

图 10-13　内墙编辑部件

完成墙结构参数新增与设定后开始进行各楼层墙绘制，如图 10-13 和图 10-14 所示。绘制过程需注意内外面层是否正确。

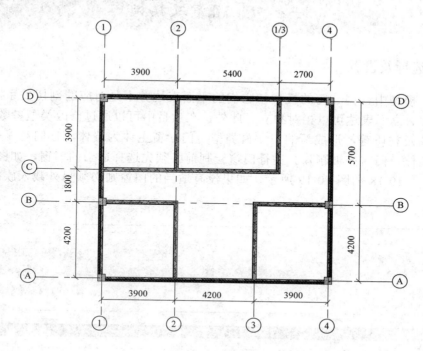

图 10-14　1F 外墙及内墙绘制

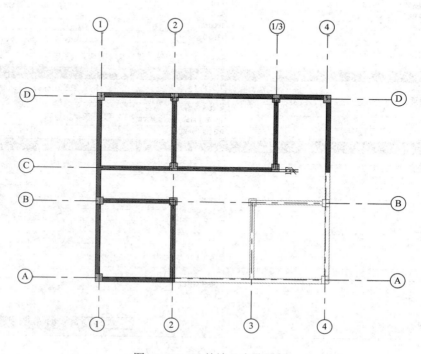

图 10-15　2F 外墙及内墙绘制

任务四　门窗及楼板

一、门窗选择及设置

在三维模型中，门、窗的模型与它们的平面表达并不是对应的剖切关系，门、窗模型与平面、立面表达可以相对独立。此外，在项目中可以通过修改类型参数，如门、窗的宽、高及材质等，形成新的门、窗类型。门、窗主体为墙体，它们对墙有依附关系，删除墙体，门窗亦被删除。进行门窗绘制前必须先选择适当的门窗，如图 10-16、图 10-17、图 10-18 和图 10-19 所示，如果没有适当的门窗则必须另外载入族的方式来取得门窗。

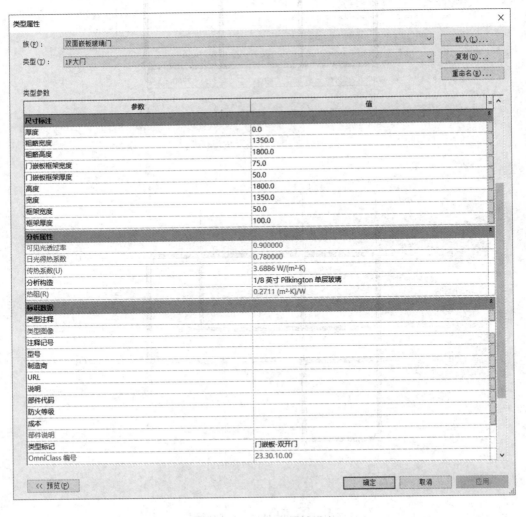

图 10-16　IF 大门属性设定

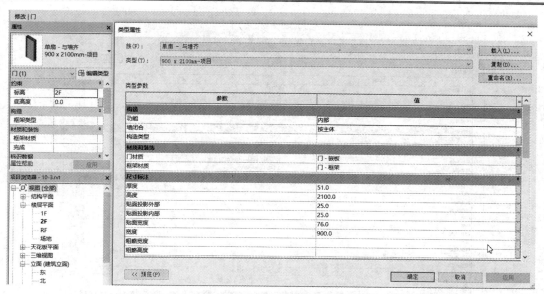

图 10-17　1F 其他门属性设定

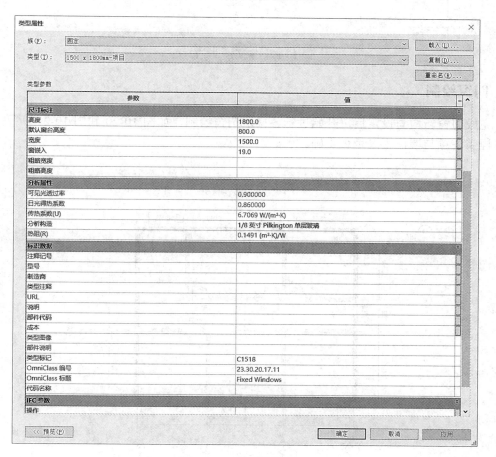

图 10-18　窗属性设定(1)

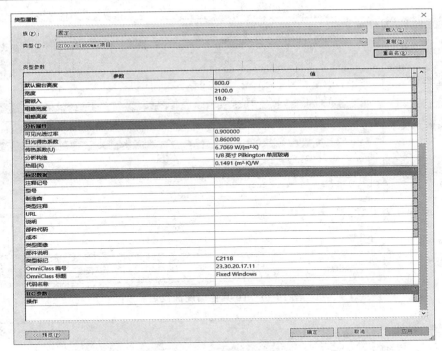

图 10-19　窗属性设定(2)

二、门窗绘制

完成门窗新增与设定后，开始进行各楼层门窗绘制，如图 10-20 和图 10-21 所示。绘制过程需注意与墙体距离是否正确。

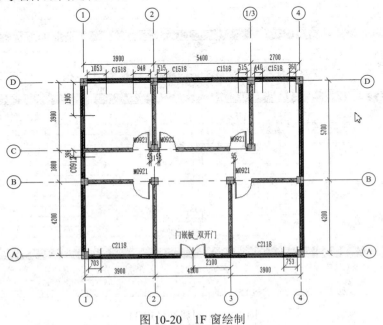

图 10-20　1F 窗绘制

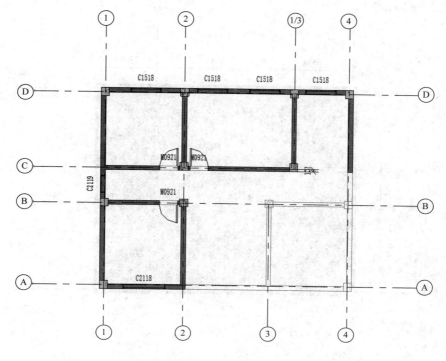

图 10-21　2F 窗绘制

三、楼板选择与绘制

在项目浏览器中双击"楼层平面"中的"1F"，选择"楼板绘制"，在楼板属性面板中选择楼板类型为 100 mm 厚楼板，如图 10-22 所示。完成选择后开始进行绘制，如图 10-23 和图 10-24 所示。绘制 2F 楼板时，会出现"是否希望将高达此楼层标高的墙附着到此楼层的底部？"的提示，为了方便项目后期修改，一般选择"否"，如图 10-25 所示。完成的门窗及楼板如图 10-26 所示。

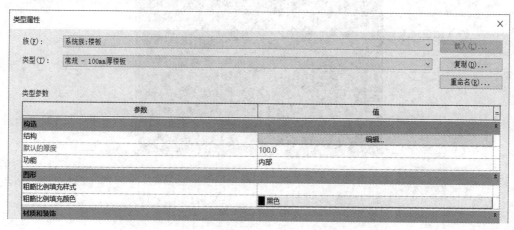

图 10-22　1F 楼板绘制

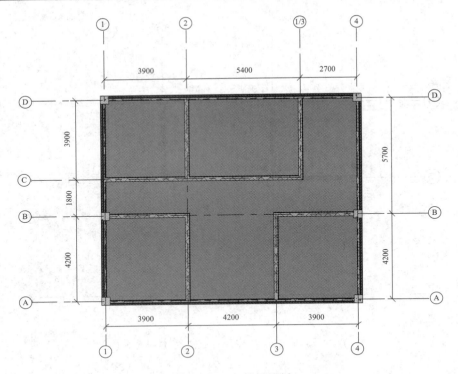

图 10-23　1F 楼板绘制

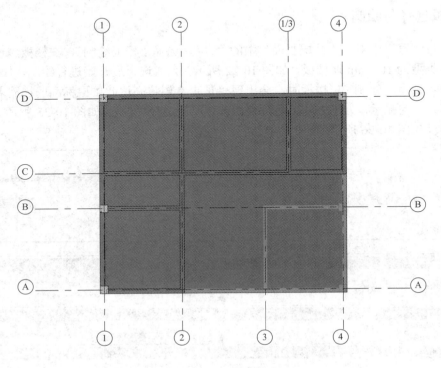

图 10-24　2F 楼板绘制

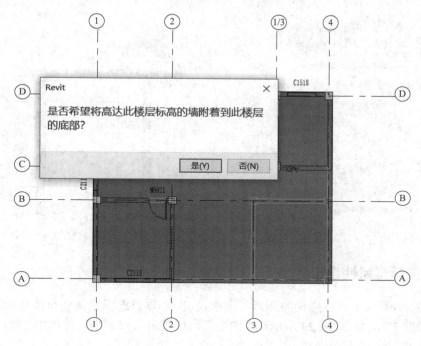

图 10-25 楼板提示对话

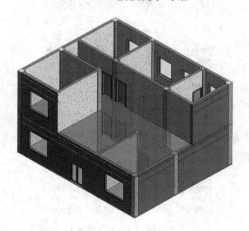

图 10-26 门窗及楼板三维图

任务五 楼梯与洞口

一、楼梯草图绘制

本任务采用功能命令介绍楼梯及洞口在项目中的创建方法。首先单击"建筑"选项卡→"参照平面",打开项目浏览器 1F 平面图,应用参照平面绘制楼梯草图,如图 10-27 和图 10-28 所示。

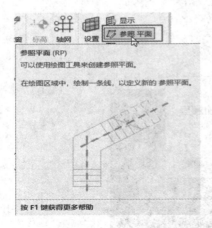

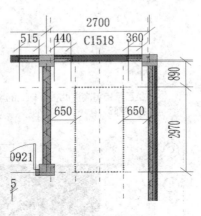

图 10-27　门窗及楼板三维图　　　　　　　图 10-28　楼梯草图

二、楼梯选择与属性设定

完成楼梯草图后,进行楼梯的选择与属性设定,本项目选择整体浇筑楼梯,踢面数 24,实际踏板深度 270,如图 10-29 所示。楼梯类型属性将最大踢面高度更改为 180,最小踏板深度为 280,如图 10-30 所示。

图 10-29　项目楼梯属性

图 10-30　楼梯类型属性

三、楼梯绘制

完成楼梯草图、楼梯的选择与属性设定后，开始进行楼梯绘制，依照前文所述楼梯绘制要领完成绘制，如图 10-31 所示。完成后可切换三维视图检视所完成的楼梯，如图 10-32 所示。

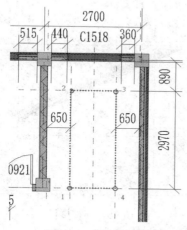

图 10-31　绘制顺序

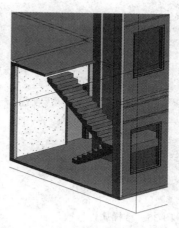

图 10-32　楼梯绘制三维图

完成楼梯绘制后，容易出现楼梯与楼板无法连接的情况，这时候可使用"编辑楼梯"功能修改来使楼梯更合理地与楼板连接，如图 10-33、图 10-34、图 10-35 和图 10-36 所示。

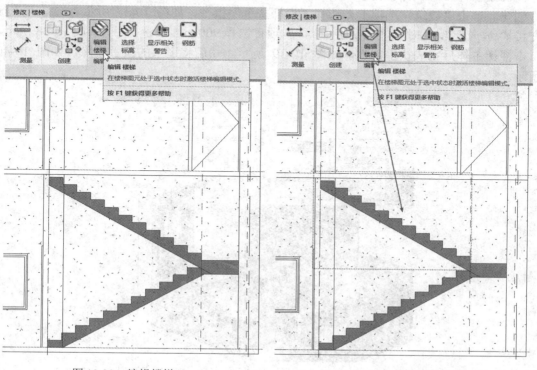

图 10-33　编辑楼梯(1)　　　　　　　　　　图 10-34　编辑楼梯(2)

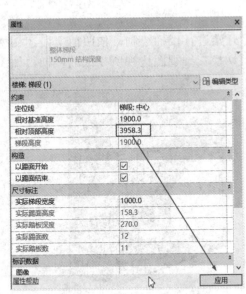

图 10-35　楼梯属性修改

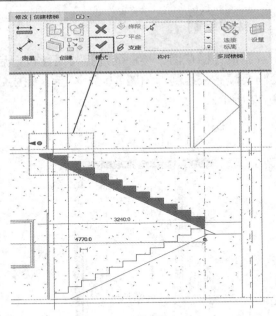

图 10-36　连接楼板

四、扶手创建与楼板开口

创建楼梯时，软件会自动生成栏杆扶手，亦可在楼梯完成后再利用栏杆扶手指令进行创建。单击"建筑"选项卡，选择"栏杆扶手"指令，如图 10-37 所示。选择"放置在楼梯/坡道上"，此时可选择扶手种类，本项目选择 900 mm 圆管扶手，如图 10-38 所示。单击楼梯主体后完成扶手创建，如图 10-39 所示。然后将多余的扶手删除，如图 10-40 所示。

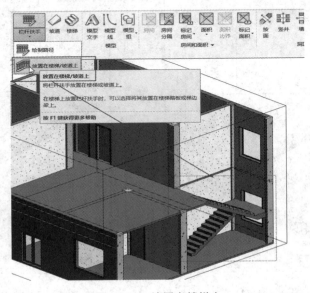

图 10-37　放置在楼梯上

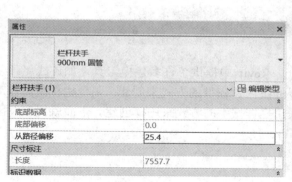

图 10-38　扶手属性

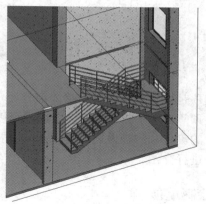

图 10-39　扶手生成

　　楼梯洞口采取竖井命令，如图 10-41 所示。本项目选择直接编辑楼板来产生楼梯洞口，如图 10-42 所示。楼梯楼板开洞完成，如图 10-43 所示。

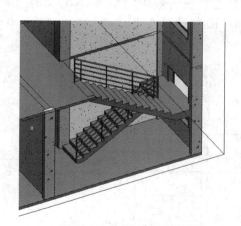

图 10-40　删除多余扶手

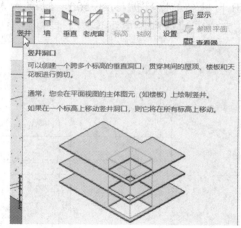

图 10-41　竖井命令

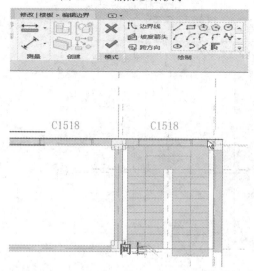

图 10-42　"编辑边界"绘制洞口

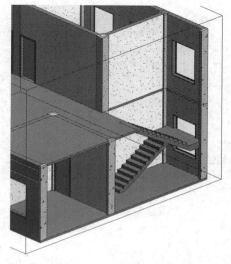

图 10-43　开洞楼板三维图

任务六　屋顶与阳台栏杆

屋顶是建筑物中重要的组成部分之一。Revit 中提供了许多建模工具，如迹线屋顶及拉伸屋顶等。对于一些特殊造型屋顶可以通过内建模型的方式来创建；阳台栏杆是阳台对外边缘的美化和防护设施，在 Revit 中采用栏杆扶手的方式来进行创建。下面就屋顶及阳台栏杆进行介绍。

一、绘制屋顶

在项目屋顶层 RF 平面图绘制屋顶草图，如图 10-44 所示。完成绘制后进行屋顶属性选择，如图 10-45 和图 10-46 所示。本项目选择基本屋顶，屋顶 A 自标高的底部偏移为 0，屋顶 B 自标高的底部偏移为−500，屋顶 A 及屋顶 B 需分开绘制，如图 10-47 和图 10-48 所示。完成创建后利用屋顶连接工具将屋顶 A 和屋顶 B 进行连接，如图 10-49 和图 10-50 所示。

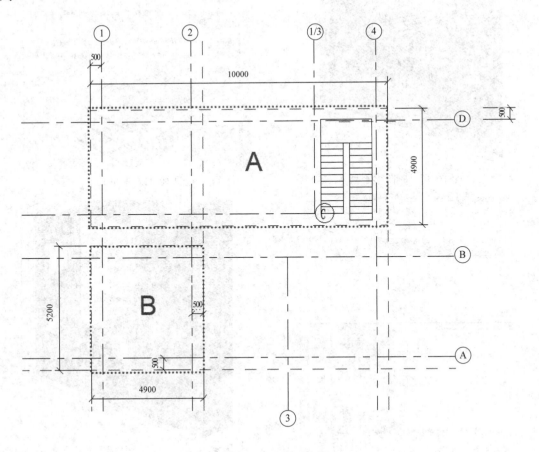

图 10-44　屋顶草图绘制

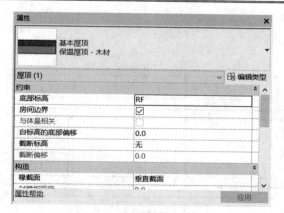

图 10-45　屋顶 A 属性设定

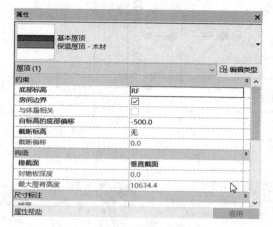

图 10-46　屋顶 B 属性设定

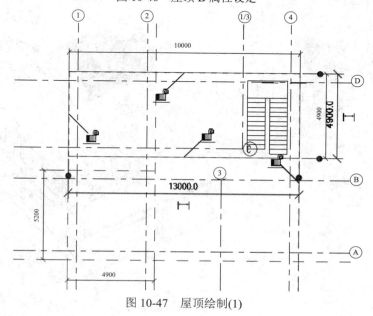

图 10-47　屋顶绘制(1)

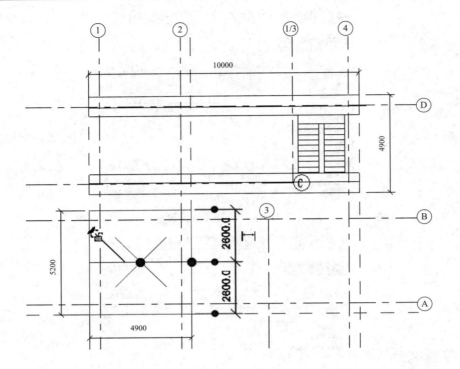

图 10-48　屋顶绘制(2)

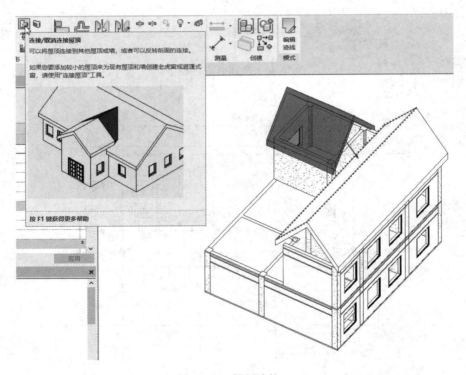

图 10-49　屋顶连接(1)

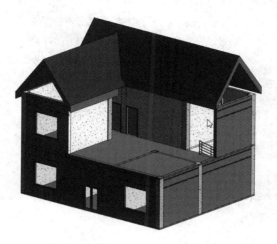

图 10-50　屋顶连接(2)

　　屋顶完成创建后，进行墙体与屋顶的连接。先单击 2F 墙体，选择"附着顶部/底部"，然后选择屋顶，如图 10-51 所示。依序完成 2F 墙体与屋顶的连接，如图 10-52 所示。

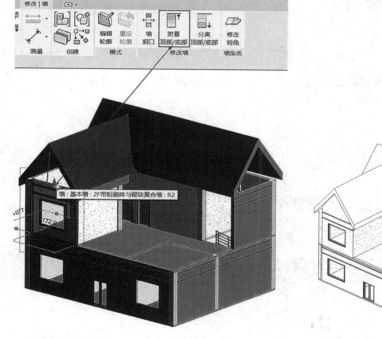

图 10-51　墙体连接屋顶

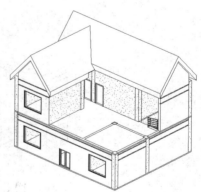

图 10-52　屋顶完成三维图

二、绘制栏杆

　　阳台栏杆使用栏杆扶手中的路径绘制进行创建，选择 2F 平面视图，在"建筑"选项卡中选择栏杆扶手的绘制路径，如图 10-52 所示。在栏杆属性中选择"玻璃嵌板"，栏杆绘制路径如图 10-54 所示。完成路径绘制后，单击"完成编辑模式"，如图 10-55 所示。

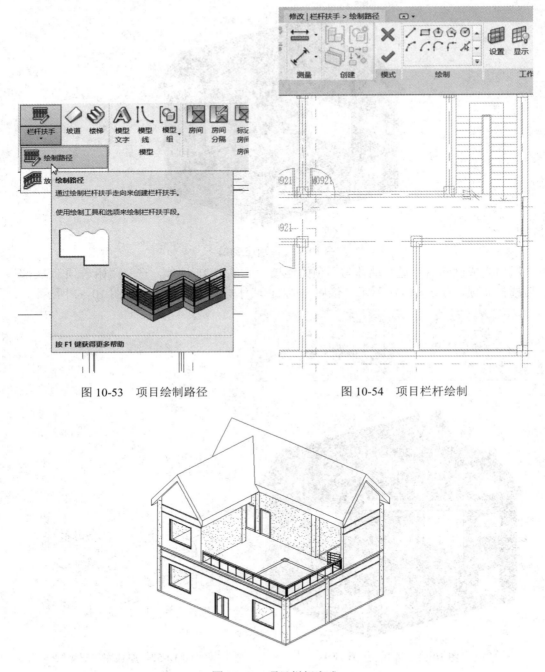

图 10-53　项目绘制路径　　　　　　　　图 10-54　项目栏杆绘制

图 10-55　项目栏杆完成

任务七　场　　地

通过本任务学习项目场地的相关设置与地形表面、场地构件创建的基本方法。

一、地形表面

地形表面是建筑场地地形的图形表示，可在三维视图场地视图中创建。延续先前创建的项目模型，在项目浏览器中展开楼层平面，双击视图名称"场地"，进入场地平面视图，开始绘制地形及道路草图。地形创建需要绘制四个参照平面，如图 10-56 和图 10-57 所示。然后选择"体量和场地"→"地形表面"，进入编辑地形表面模式，如图 10-58 所示。接着单击"放置点"（见图 10-59），依序在参照平面上单击放置四个高程点，如图 10-60 所示。完成创建后在属性中设置材质为草坪，单击场地完成编辑，如图 10-61 所示。

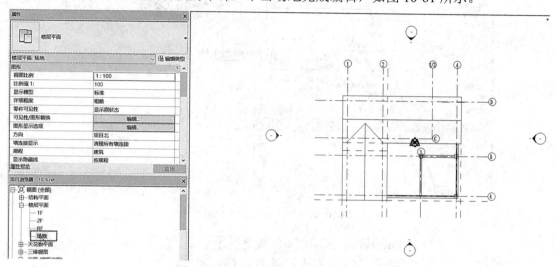

图 10-56 场地草图创建

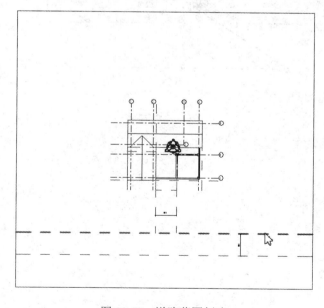

图 10-57 道路草图创建

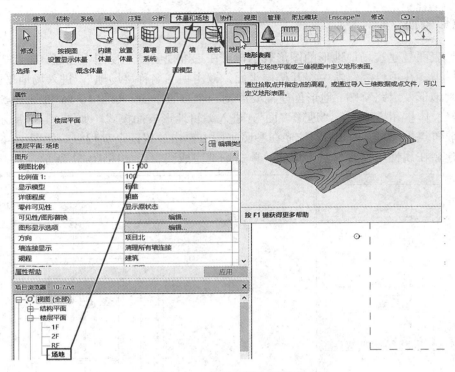

图 10-58　编辑地形表面模式

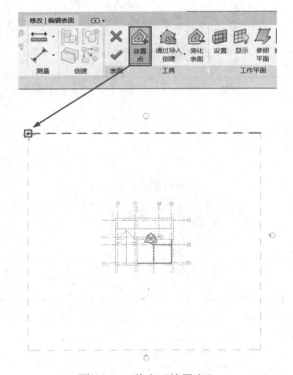

图 10-59　单击"放置点"

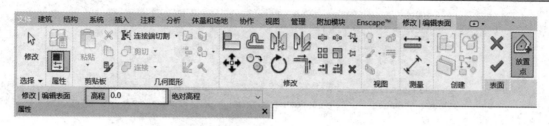

图 10-60　场地地形高程设定

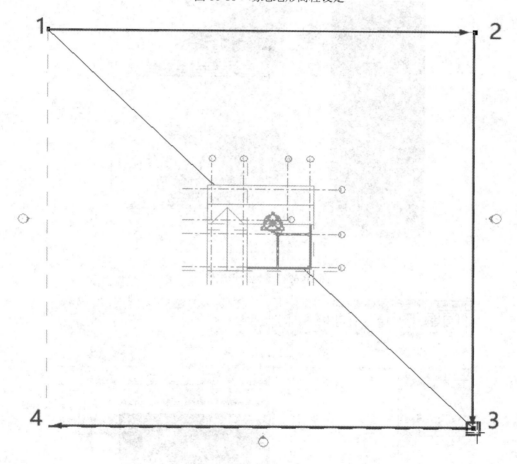

图 10-61　放置四个高程点

二、道路

利用子面域在地形表面绘制道路，子面域能够在地形表面上指定某区块，并定义不同属性材质的表面区域。选择"体量和场地"→"修改场地"→"子面域"，进入"编辑 表面"绘制模式，如图 10-62 所示。开始进行项目道路绘制，如图 10-63 所示。子面域的绘制需为闭合线段，完成后选择道路材质，如图 10-64 所示。选择后完成场地道路绘制，如图 10-65 所示。

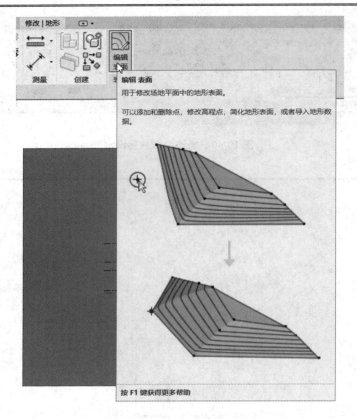

图 10-62　场地地形编辑

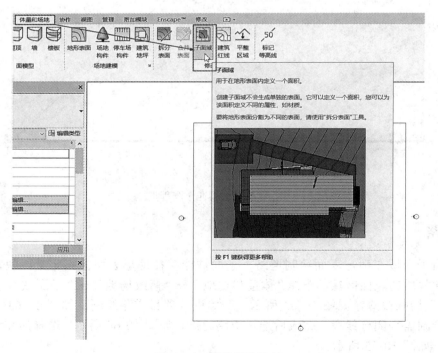

图 10-63　场地道路绘制

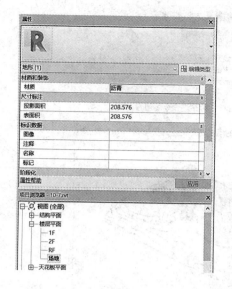 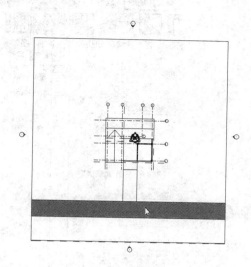

图 10-64　场地道路材质设定

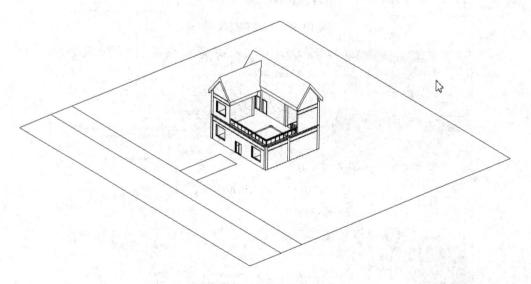

图 10-65　场地及道路完成

三、选择场地构件

完成地形表面及道路设置后，可配上生动的树木、人物及车辆，让整个场景更加丰富。场地构件绘制流程为：选择"体量和场地"→"场地建模"→"场地 构件"。按照自己的喜好在类型选择器中选择需要的构件，如图 10-66 所示。亦可选择载入族的方式来增加场地构件到项目中，如图 10-67 和图 10-68 所示。在场地平面图中，可根据自己的需求在道路及建筑物周围添加各种类型的场地构件，如图 10-69 所示。

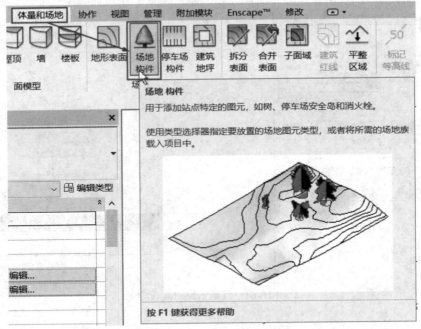

图 10-66　场地构件使用

图 10-67　载入场地构件

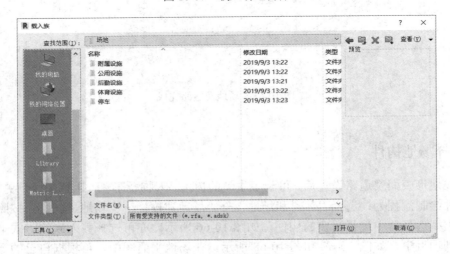

图 10-68　场地构件载入族

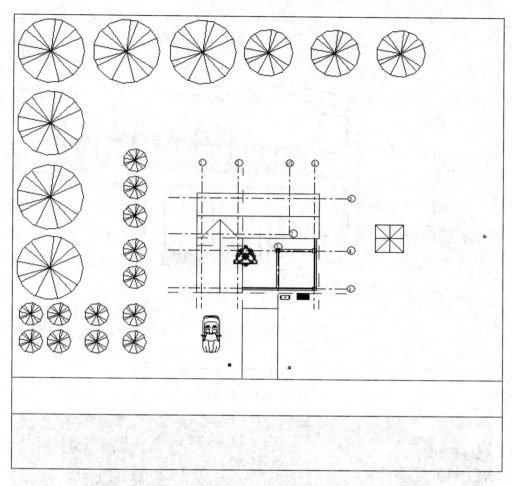

图 10-69　场地构件配置图

任务八　表现和分析

　　为了方便展示建筑物的成果，Revit 还提供了渲染、漫游等功能，下面就项目的渲染及漫游进行介绍。

一、渲染

　　Revit 软件集成了第三方的 Accu Render 渲染引擎，Accu Render 是美国 Robert MCNeel 公司开发的渲染引擎，可以满足项目基本的渲染需求，通过相机选择的视角(如图 10-70 所示)创建出真实的图像，如图 10-71 和图 10-72 所示。目前，Revit 2018 提供两种渲染方式，分别是本地渲染和云端渲染。本地渲染对计算机硬件的要求较高，云端渲染仅需完成模型上传的动作，对计算机硬件的要求较低。

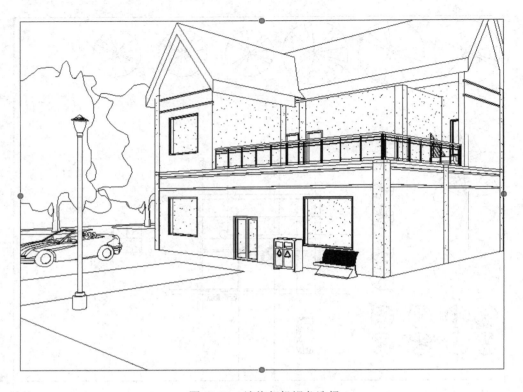

图 10-70　渲染相机视角选择

图 10-71　项目日间渲染图

图 10-72　项目夜间渲染图

二、漫游

漫游是沿着自定义路径移动的相机，可用于创建项目模型的三维漫游动画，并能保存 avi 格式的视频，漫游路径绘制如图 10-73 所示。绘制完成后可进行项目漫游关键帧设定，如图 10-74 所示。完成关键帧设定后打开漫游进行漫游预览，如图 10-75 所示。

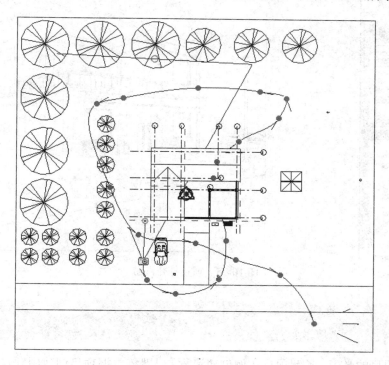

图 10-73　项目漫游路径绘制

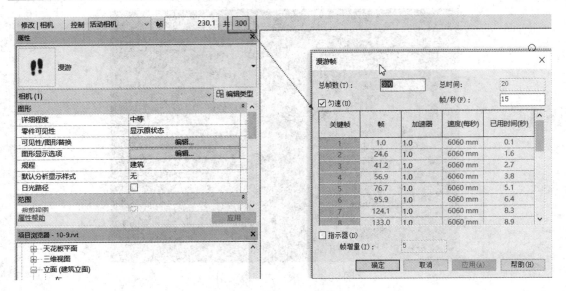

图 10-74　项目漫游关键帧设定

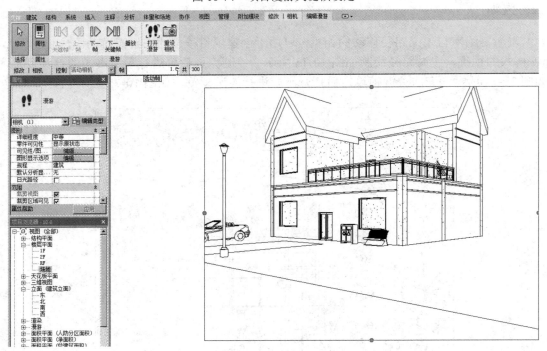

图 10-75　项目打开漫游

项 目 小 结

通过本项目的学习，了解项目实例创建流程，以熟练掌握项目创建中项目样板的选择、轴网的绘制、墙体和楼梯的绘制及渲染等。

技 能 考 核

根据完成情况给予考核，技能考核表如表 10-1 所示。

表 10-1　技能考核表

班级		姓名			扣分记录	得分
项目	考核要求	分值	评分细则			
轴网	能完成项目轴网	5 分	(1) 不能理解轴网基本概念扣 2 分 (2) 不能使用轴网指令绘制扣 3 分			
柱	能完成项目柱	10 分	(1) 不能理解柱基本概念扣 5 分 (2) 不能使用柱指令绘制扣 5 分			
墙体	能正确绘制墙体	10 分	(1) 不能理解墙体基本概念扣 5 分 (2) 不能使用墙体指令绘制扣 5 分			
楼板	能正确绘制楼板	5 分	(1) 不能理解楼板基本概念扣 3 分 (2) 不能使用楼板指令绘制扣 2 分			
门窗	能正确绘制门窗	10 分	(1) 不能理解门窗基本概念扣 5 分 (2) 不能使用门窗指令绘制扣 5 分			
屋顶	能正确绘制屋顶	10 分	(1) 不能理解屋顶基本概念扣 5 分 (2) 不能使用屋顶指令绘制扣 5 分			
楼梯	能正确绘制楼梯	10 分	(1) 不能理解楼梯基本概念扣 5 分 (2) 不能使用楼梯指令绘制扣 5 分			
扶手	能正确绘制扶手	5 分	(1) 不能理解扶手基本概念扣 2 分 (2) 不能使用扶手指令绘制扣 3 分			
地形	能正确绘制地形	10 分	(1) 不能理解地形基本概念扣 5 分 (2) 不能使用地形指令绘制扣 5 分			
场地配置	能进行项目场地配置	10 分	(1) 不能理解场地配置基本概念扣 5 分 (2) 不能使用场地配置指令绘制扣 5 分			
渲染	能进行项目渲染	10 分	(1) 不能理解渲染基本概念扣 5 分 (2) 不能使用渲染指令绘制扣 5 分			
漫游	能正确进行漫游创建	5 分	(1) 不能理解漫游基本概念扣 2 分 (2) 不能使用漫游指令绘制扣 3 分			

参 考 文 献

[1] 中华人民共和国住房和城乡建设部. 2016—2020 年建筑业信息化发展纲要，2011.

[2] 中华人民共和国住房和城乡建设部. 住房城乡建设部关于推进建筑业发展和改革的若干意见，2014.

[3] 中华人民共和国住房和城乡建设部. 关于推进建筑信息模型应用的指导意见，2015.

[4] 土木在线. 图解建筑工程现场施工. 北京：机械工业出版社，2015.

[5] 刘燕，卢敏建. Revit Architecture 项目实例教程. 武汉：武汉大学出版社，2016.

[6] 何相君，刘欣玥. Revit 2018 培训教程. 北京：人民邮电出版社，2019.